Naturzugang als Teil des Guten Lebens

Ursula Taborsky

Naturzugang als Teil des Guten Lebens

Die Bedeutung interkultureller Gärten in der Gegenwart

PETER LANG
Frankfurt am Main · Berlin · Bern · Bruxelles · New York · Oxford · Wien

Bibliografische Information der Deutschen Nationalbibliothek
Die Deutsche Nationalbibliothek verzeichnet diese Publikation
in der Deutschen Nationalbibliografie; detaillierte bibliografische
Daten sind im Internet über <http://www.d-nb.de> abrufbar.

Die Publikation wurde ermöglicht mit
finanzieller Unterstützung der
Stiftung Interkultur, München.

Gedruckt auf alterungsbeständigem,
säurefreiem Papier.

ISBN 978-3-631-57636-6
© Peter Lang GmbH
Internationaler Verlag der Wissenschaften
Frankfurt am Main 2008
Alle Rechte vorbehalten.

Das Werk einschließlich aller seiner Teile ist urheberrechtlich
geschützt. Jede Verwertung außerhalb der engen Grenzen des
Urheberrechtsgesetzes ist ohne Zustimmung des Verlages
unzulässig und strafbar. Das gilt insbesondere für
Vervielfältigungen, Übersetzungen, Mikroverfilmungen und die
Einspeicherung und Verarbeitung in elektronischen Systemen.

Printed in Germany 1 2   4 5 6 7

www.peterlang.de

Sie kommen aus Afrika, aus dem Vorderen und dem Hinteren Orient, aus dem Süden Europas, aus Mexiko, Indonesien und China.

Sie stehen vor unseren Haustüren, bevölkern unsere Gärten, breiten sich auf unseren Terrassen aus, kolonisieren unsere Büros, Stadtparks, Straßencafes und beanspruchen Platz in unseren Hausfluren und Wohnzimmern.

Sie sind Landfremde und wollen als solche behandelt werden, fordern Verständnis für ihre herkunftsbedingten Gewohnheiten, verlangen nach spezieller Nahrung, angemessenen Standorten und achtsamer Obhut. Sie reagieren empfindlich auf Missachtung ihres Andersseins und verweigern sich trotzig der totalen Anpassung an unseren Lebensraum.

Und was machen wir? Wir lassen sie geduldig und verständnisvoll gewähren, scheuen weder Kosten noch Mühen, um ihre Sonderansprüche zu befriedigen, tragen voller Hingebung Sorge um ihr Wohlergehen. Und wir sind beglückt – sogar ein wenig stolz, wenn sie Wurzeln fassen in der Fremde und sich bei uns zu Hause in all ihrer Andersartigkeit entfalten. Die Rede ist von Oleander, Hibiskus, Datura, Jasmin, Bougainvillea, Kamelie und Co. – von jenen botanischen Fremdlingen, die aus der einheimischen Blumenkübel-Szene schon lange nicht mehr wegzudenken sind. Weil ihre Fremdartigkeit interessant, faszinierend und herausfordernd ist. Weil ihre Vielfalt die einheimische Flora angenehm belebt. Und weil ihre Exotik prickelnde Gefühle, Sehnsüchte und Erinnerungen in uns heraufbeschwört.

Unsere Xenophilie – unsere Zuneigung zum Fremden – kann grenzenlos sein. In Sachen Pflanzen zumindest. In vielen anderen Dingen ist eher das Gegenteil der Fall – die Xenophobie, die Angst vor dem Fremden.

(Englisch, Gundula, ZAK-Jahresbericht, 56)

So geht es uns in der Musik: erst muss man eine Figur und Weise überhaupt *hören lernen*, heraushören, unterscheiden, als ein Leben für sich isolieren und abgrenzen; dann braucht es Mühe und guten Willen, sie zu *ertragen*, trotz ihrer Fremdheit, Geduld gegen ihren Blick und Ausdruck, Mildherzigkeit gegen das Wunderliche an ihr zu üben: - endlich kommt ein Augenblick, wo wir ihrer *gewohnt* sind, wo wir sie erwarten, wo wir ahnen, dass sie uns fehlen würde, wenn sie fehlte; und nun wirkt sie ihren Zwang und Zauber fort und fort und endet nicht eher, als bis wir ihre demüthigen und entzückten Liebhaber geworden sind ... – So geht es uns aber nicht nur mit der Musik: ... Wir werden schließlich immer für unseren guten Willen unsere Geduld, Billigkeit, Sanftmüthigkeit gegen das Fremde belohnt, indem das Fremde langsam seinen Schleier abwirft und sich als neue unsägliche Schönheit darstellt: - es ist sein *Dank* für unsere Gastfreundschaft.

(Nietzsche, Friedrich)[1]

---

1   Zitiert nach Gronemeyer, Marianne, 1996, 158.

Vorwort

Man könnte sagen, die Sache sei einfach: Es gibt die ewige Frage nach dem guten Leben. Es gibt die Sehnsucht nach ... ja, nach was? Heimat? Freiheit? Verstehen? Verstandenwerden? – Diese Liste wäre zu lang für ein Vorwort und überhaupt. Also: Es gibt die Sehnsucht. Und dann gibt es Möglichkeiten, wie es Verhinderungen gibt. Von außen wie von innen, von Anderen und Anderem wie von einem selbst. Man müsste nur die Möglichkeiten erkennen und fördern, die Behinderungen vermeiden. Aber gerade das ist eben nicht so einfach.

Ursula Taborsky ist als Philosophin einer Möglichkeit begegnet, in der Fremde etwas wie Heimat zu schaffen – den „interkulturellen Gärten". Und da hat sie ihre Welten nicht getrennt, die Welt dieser Gärten und ihre akademische Welt. Der Titel des Buches, das daraus geworden ist, hat etwas Akademisches, und zu Recht: Es geht um die philosophische Frage nach dem, was „gutes Leben" ausmachen kann. Dass dies, wie der Titel ebenfalls andeutet, in der heutigen Welt ein Garten in der Fremde sein kann, lässt mich an einen alten Traum denken, in dem eine Welt geträumt wurde, die ein einziger friedlicher Garten war.

„Es ist so eingerichtet," berichtet Pedro Mártir de Anglería (1457-1526) über das Leben der Ureinwohner Amerikas,

> daß die Indios das Land gemeinsam besitzen, so wie das Sonnenlicht und das Wasser, und daß sie die Begriffe 'dein' und 'mein', die Keimzellen allen Übels, nicht kennen ... Sie leben mitten im goldenen Zeitalter und umgeben ihren Besitz weder mit Gräben noch mit Mauern oder Hecken. Sie wohnen in offenen Gärten, ohne Gesetze, ohne Bücher und ohne Richter, und sie üben Gerechtigkeit durch natürlichen Instinkt. Sie betrachten denjenigen als Bösewicht und Verbrecher, der daran Gefallen findet, andere zu beleidigen.[2]

Dazu wäre viel zu sagen, und dazu wurde viel gesagt: Eine europäische Projektion sei das (was stimmt) oder eine Beleidigung der Vernunft und des Menschenrechts auf privates Eigentum. Keine Zivilisation könne so bestehen.

Das will ich hier nicht erörtern. Fest steht, dass aus diesen amerikanischen Gärten sehr schmackhafte und nahrhafte Genüsse nach Europa kamen, sodass man sich heute die mittelalterliche Küche ohne Kartoffel und Mais, Paprika, Kürbisgewächse, Bohnen und so weiter, gar nicht so gerne vorstellen mag. Ganz neue Formen haben sie angenommen in Irland und Ungarn, in Italien und überhaupt „bei uns" – ganz heimisch sind

---

[2] Pedro Mártir de Anglería zitiert nach: Laurette Séjourné: *Altamerikanische Kulturen*. Frankfurt/M.: Fischer, 1971. S. 153

sie geworden, im Erdäpfelsalat und als Polenta, im Gulyasch, als Zucchini oder Fisolen.
Das war aber nicht erst in der Neuzeit so, nach der Entdeckung Amerikas, mit den fremden Gewächsen. In seiner Beschreibung des römischen Handelswesens sagt Edward Gibbon (1737-94), es grenze an

> Unmöglichkeit, hier alle Produkte des Thier- und Pflanzenreiches aufzuzählen, welche nach und nach aus Asien und Ägypten nach Europa überbracht worden sind ... Fast alle Blumen, Kräuter und Früchte, die in unsern europäischen Gärten wachsen, sind von fremder, in vielen Fällen schon durch den Namen verrathener Abkunft. Der Apfel ist in Italien einheimisch, und als die Römer den feinen Geschmack der Aprikose, Pfirsche, des Granatapfels, der Citrone und Orange kennen gelernt hatten, legten sie allen diesen neuen Früchten den gemeinsamen Namen Apfel mit dem Epitheton von dem Lande bei, woher sie stammten.[3]

Der Historiker Gibbon sprach von der Welt der Römer. Die moderne Welt hat noch ganz andere Wanderungen der Pflanzen mit den Menschen erlebt, ich habe die Einwanderer aus Amerika schon erwähnt. Wir haben sie eingebürgert ohne das „Epitheton von dem Lande" zu erwähnen oder an diese Länder auch nur mehr zu denken – wir reden nicht von „mexikanischem Korn", wenn wir den Kukuruz meinen, oder etwa von „chilenischen Birnen" beim Paprika. Die modernen Wanderer unter den Pflanzen sind Weltbürger, überall zuhause. Und wie sie gewandert sind: Im Hutband haben Bauern aus Osteuropa die Samen ihres Gartens in die Neue Welt mitgenommen; geschmuggelte Pflänzlinge aus Brasilien haben die Weltwirtschaft neu bestimmt; genetisch verändert und anderswo kultiviert, ruinieren Pflanzensorten gelegentlich die Länder, in denen sie ursprünglich gezüchtet wurden.
Nicht nur Pflanzen, auch Gärten wandern. Sie ziehen mit den Menschen, wie der Tiroler Bauerngarten nach Dreizehnlinden in Brasilien zog, oder der japanische Garten nach Düsseldorf. Sie finden sich wie in einem melting pot mit anderen Gärten zusammen, wenn das auch bei den Menschen so ist, wie in den Huntington Gardens in Pasadena bei Los Angeles. Sie alle befördern oder erhalten etwas wie Heimat, können aber zugleich noch etwas Anderes, etwas Exotisches sein.
Die „interkulturellen Gärten", wenn ich das recht verstehe, sind neu. Sie befördern weniger die Herkunft als die Zukunft, sind eigentlich nicht ganz festgelegt auf eine Form, eine Tradition, eine Kultur. Sie können schön, sie können auch nützlich sein, Orte des guten Lebens in gemeinsamer Fremde. Sind sie denn authentisch?

---

3   Edward Gibbon: *Verfall und Untergang des Römischen Reiches*. Hg.: Dero A. Saunders. Frankfurt/M.: Eichborn, 2000, S. 46f

Ich meine, interkulturelle Gärten haben die Chance, authentischer zu sein als manche importierte Exoten in Schaugärten, weil sie so authentisch sein werden wie die Menschen, die sie lieben, die einander dort begegnen und die sie auch nützen. Und nützlich kann es allemal sein, wenn etwas wächst, was dem guten Leben zuträglich, aber nicht überall zu haben ist. Das wußte schon Johannes Colerus (1609), wenn er schrieb:

> Etliche haltens vor ein unnötig Ding / daß einer einen Garten habe. Etliche haltens vor ein mühselig Ding / ...Will er aber kein armer Hümpler sein / ... so befleißigt er sich, daß er allerlei Küchenspeise darauß hat ...[4]

Zuletzt, aber eigentlich vor allem: Es ist schön, dass dieses Buch veröffentlicht wird, weil es von Anfang an mit Herzblut geschrieben war und es nicht nur bei einer theoretischen Arbeit geblieben ist, sondern dass sie der Ausgangspunkt für eine praktische Umsetzung war. Im Februar 2007 wurde in Wien der Verein *Gartenpolylog – GärtnerInnen der Welt kooperieren* gegründet, der sich zum Ziel gesetzt hat, die Idee der Interkulturellen Gärten auch in Österreich zu verbreiten und in die Praxis umzusetzen.

Wien, im Dezember 2007
Franz Martin Wimmer

---

[4] Johannes Colerus zitiert nach: Hans-Dieter Stoffler: *Der Hortulus des Walahfrid Strabo.* Stuttgart: Thorbecke 2000, S. 37f

Inhaltsverzeichnis

1 Einleitung 13

2 Natur-Mensch 19
  2.1 Versuch über ein Bezugsverhältnis 19
    2.1.1 Natur als das Andere 21
    2.1.2 Natur als alles Seiende und ihr Wesen 28
  2.2 Begriffsklärung 32
  2.3 Einflussbereiche 33
    2.3.1 Natur im Blickwinkel von Religionen 33
    2.3.2 Kultur und Natur 37
    2.3.3 Natur-Wissenschaft-Politik 42
    2.3.4 Einflüsse sozialer und individueller Kriterien auf den Naturzugang ... 47

3 Das Gute Leben 51
  3.1 Lebensstandard und Verwirklichungschancen 53
  3.2 Armut und Naturzugang 55
    3.2.1 Würde und Chancengleichheit 55
    3.2.2 Menschen in einer Gemeinschaft von Lebewesen 59
    3.2.3 Allmende gegen Armut? 61
    3.2.4 Allmendeproblematik, Kooperation und kollektives Handeln 69
  3.3 Vita activa oder Vom tätigen Leben 71
    3.3.1 Subsistenzarbeit oder Probleme-lösen 74
    3.3.2 Wie aus BäuerInnen ArbeiterInnen werden 79
  3.4 Arbeitslosigkeit und Naturzugang 84
    3.4.1 Handeln oder Erdulden 84
    3.4.2 Der informelle Sektor 85
    3.4.3 Subsistenz 88
    3.4.4 Die Wiederkehr der Gärten. Community Gardens 90
  3.5 Heimatlosigkeit und Naturzugang 94
    3.5.1 Erzwungene Migration 94
    3.5.2 Migration von Problemlösungen 95
    3.5.3 Partizipation und das Eigene 97
    3.5.4 Soziale Teilhaberechte und Integration in die Gemeinschaft 98
    3.5.5 Interkulturelle Gärten und die „grüne Sprache der Völker" 99
  3.6 Tätiges Wissen 101

3.7 Erfahrung und Erfahrungen im aktiven Naturzugang 108

3.8 Fähigkeitenansatz 114

4 Garten und das Gute Leben 119

4.1 Der Garten 119

4.2 Wie aus ArbeiterInnen GärtnerInnen werden 123
   4.2.1 1870 – 1920 124
   4.2.2 1920 – 1933 125
   4.2.3 1933 – 1945 127
   4.2.4 1945 – 1960 127
   4.2.5 1960 – 1985 128
   4.2.6 1985 – 2000 130
   4.2.7 Facit 132

4.3 Eigensinn, Eigenmacht, Eigenzeit 132
   4.3.1 Eigensinn 133
   4.3.2 Eigenmacht 136
   4.3.3 Eigenzeit 139

4.4 Gartenpolylog 140
   4.4.1 Bedürfnis nach dem anderen seiner selbst 140
   4.4.2 Gartengemeinschaft oder Garten als Allmende 144
   4.4.3 Naturzugang als Basis interkulturellen Austausches 147

5 Literatur 149

1 Einleitung

"Wir vermissen unsere Gärten"[5]: Dieser Satz von bosnischen Flüchtlingsfrauen in Deutschland enthält verschiedene Elemente des Mangels, aber auch Vorstellungen von einem *Guten Leben*, und steht am Beginn eines Integrationsprojektes in Deutschland, dass sich *Interkulturelle Gärten* nennt. Das vorliegende Buch soll den Spannungsbogen von den Elementen des Mangels bis hin zu den Möglichkeiten, die ein aktiver Naturzugang zu einem *Guten Leben* beitragen kann, aufzeigen.

Es ist kein Zufall, dass der eingangs erwähnte Satz von Frauen ausgesprochen wurde:
In fast allen Ländern der Welt sind es zu einem großen Teil sie, welche Gärten bewirtschaften und häufig damit ihre Familien ernähren:

> Frauen sind weltweit die Hauptenährerinnen ihrer Familien. Sie erarbeiten insgesamt etwa die Hälfte der Nahrungsmittel, im subsaharischen Afrika sogar 80 Prozent, in Asien 60 Prozent und in Lateinamerika 40 Prozent.[6]

2. Frauen haben fast überall geringere Möglichkeiten als Männer, Land zu erwerben.
3. Ein großer Teil der MigrantInnen (es werden in der Literatur unterschiedliche Zahlen angegeben) sind Frauen, welche in vielen Bereichen marginalisiert und unterdrückt werden. Häufig fehlt ihnen ein Ort zur selbst bestimmten Tätigkeit, an dem sie mit anderen in Kommunikation treten können.
4. Fähigkeiten und Wissen von Frauen werden häufig nicht anerkannt bzw. gewürdigt und v.a. auch gemeinsam mit ihrer Arbeit nicht monetär abgegolten.

Der *versperrte* oder *mangelnde* aktive Naturzugang[7] ist in vielen Fällen Ergebnis von Zwangssituationen (siehe Kapitel *Wie aus BäuerInnen ArbeiterInnen werden oder die unfreiwillige Entfremdung*).

---

5   Müller, Christa, Wurzeln schlagen in der Fremde – Die Internationalen Gärten und ihre Bedeutung für Integrationsprozesse, ökom, München, 2002.
6   Nuscheler, Franz, „Zwischen Malthus und Süßmilch – Genügend Nahrung für alle?", in: Bischöfliches Hilfswerk Misereor, *Ernährung – Ein Recht für alle,* Horlemann, Unkel/Rhein, 1997, 33.
7   Unter aktivem Naturzugang soll in der Folge jene tätige Auseinandersetzung mit Natur verstanden werden, welche z. T. das eigene Überleben sichert, gleichzeitig aber keine wesentliche Einschränkung des *Guten Lebens* anderer darstellt, d.h. v.a. Zugang zu nicht kontaminiertem Land, Wasser und Saatgut zu haben und dieses unter den Regeln des biologischen Landbaus zu bewirtschaften.

Wie ich beschreiben werde, hat sich durch den daraus ergebenden Lebenswandel das Tätigkeitsfeld der Menschen ganz wesentlich geändert und der Einfluss des Tätigseins (Art, Bedingungen und Ergebnis) auf das *Gute Leben* rückt ins Blickfeld.
Verschiedene soziale Notsituationen haben unterschiedliche Bewältigungsstrategien hervorgebracht. In einigen Lebenssituationen wie Arbeitslosigkeit, Migration, Armut und der damit oft verbundenen Isolation und Demütigung haben sich Gemeinschaftsgärten entwickelt, in welchen versucht wird, den vorhandenen Problemen aktiv entgegenzutreten. In diesen Gemeinschaftsgärten tritt auch eine menschliche Tugend wesent-lich hervor, nämlich jene der Kooperation. Ihre Bedeutung liegt in diesem Zusammenhang v.a. in der Mehrfachnutzung von natürlichen Ressourcen, in Kommunikation und Austausch von tätigem Wissen sowie im Erwerb von sozialen Kompetenzen und Konfliktlösungsstrategien. Dabei sind gerade im interkulturellen Zusammenhang das Einbringen von Er-fahrungen aus verschiedenen Ländern und Lebenssituationen ein wichtiger Beitrag für die GemeinschaftsgärtnerInnen als auch für die Lebens- und Wissenssituation in einem Land.
Zugang zu einem Garten bedeutet sinnlichen Zugang zu Natur zu haben, der es uns ermöglicht, mit dieser aktiv in Beziehung zu treten. Mit und ohne Garten jedoch sind Menschen in einem Naturgefüge verwoben. Was ist aber Natur? Ist sie für uns alle gleich? Und was hat Einfluss darauf, wie mit Natur umgegangen wird? Welche Bedeutung hat *außermenschliche Natur* für uns?
Von Natur wird oft in anonymer Weise gesprochen, Natur als einer Einheit in abstracto, ohne einem aktiven Bezug zu einem *Ich* (siehe Kapitel *Natur-Mensch*). Der Blick auf technische Daten, welche uns über *die Natur* Auskunft geben, unterscheidet sich von den Erfahrungen, welche wir machen, wenn wir in einer Wiese liegen und den Himmel beobachten, wenn wir von einer Flutwelle überrascht werden, wenn wir einen Berg oder Baum als etwas Göttliches anbeten oder auf einem Stück Land versuchen, Lebensmittel anzubauen.
Technisierung und Fortschritt haben unser Augenmerk von der *notwendigen, sinnlichen und aktiven* Auseinandersetzung mit Natur abgelenkt. Die ökologische Krise hat ihren schützenswerten Rang hervorgehoben, aber die Wirkungen bleiben oft nur auf beschriebenen Seiten. Der Kampf um Land bleibt politisch brisant.
In vielen – um nicht zu sagen, in allen – kulturellen oder religiösen Traditionen existieren Vorstellungen und Anweisungen, welche den sorgsamen Umgang mit Natur fordern. Dennoch laufen weltweit *Natur zerstörende Prozesse* ab. Verschiedene Einflusskriterien haben daran Anteil, wie Naturzugang erfolgt. Der interkulturelle Diskurs über Naturzugang, die praktische Anwendung und der Austausch im Garten im Sinne einer weltökolo-

gischen Perspektive setzt einen auf weltweiten Konferenzen und Tagungen geführten *abgehobenen und theoretischen* Diskurs fort, indem dieser aktiv tätig vollzogen wird.
Was kann in diesem Zusammenhang unter *Gutem Leben* verstanden werden? Und welche Bedeutung kommt dabei dem Garten zu?
Der Begriff (und das Phänomen) *Garten*, der vor allem im letzten Kapitel ausführlicher behandelt werden wird, lässt vorerst viele verschiedene Assoziationen zu: Das Repertoire von Vorstellungen reicht vom Ziergarten, Gemüsegarten, Kräutergarten, Aromagarten, Steingarten, Wüstengarten, Bäuerinnengarten, Tempelgarten, Kunstgarten, Heilgarten, Naturgarten, Schlossgarten, Tiergarten, Dachgarten, Meditationsgarten, botanischer Garten, Schulgarten, Überlebensgarten, Friedhofsgarten, Schaugarten, Erlebnisgarten, Therapiegarten, Wellnessgarten etc. über Gartenbilder wie dem Garten Eden, dem Paradiesgarten, der „Apotheke Gottes" (Maria Treben), den Gärten des Lachens und den Gärten der Freude (Assurnasirpal II., Mesopotamien), der „Grünkraft der Erde" (*viriditas* der Hildegard von Bingen), den „Hängenden Gärten der Semiramis" (Babylonien, 9. Jh. v. Chr.) usw. bis hin zu Übertragungen, den eigenen Körper, eine bestimmte Tätigkeit, eine Freundschaft oder auch das ganze Leben oder Lebenswerk[8] als Garten zu betrachten.
Christine Plahl spricht von einer *gärtnerischen Haltung*, die auf verschiedene Ebenen des Lebens übertragen werden kann:

> Gärtnerische Haltung meint, für ein gutes Gleichgewicht zu sorgen; im Garten ebenso wie in der eigenen Person. Die Kunst des Gärtnerns besteht darin, Raum zu geben und Raum zu begrenzen; mit den äußeren Bedingungen des Klimas, des Wetters, der Landschaft, des Bodens geschickt umzugehen. Zarte Pflanzen werden unterstützt, zu starke Pflanzen werden zurechtgestutzt. Es sind passende Platzbedingungen für jede Pflanze zu finden (Sonne, Halbschatten, Schatten) und es gilt Harmonie herzustellen unter den verschiedenen Pflanzen – und Tieren – im Garten. Gärtnerische Haltung meint aber auch, den eigenen „Garten" zu pflegen, sich selbst wie einen Garten zu gestalten; den eigenen Körper, die eigene Person als Garten zu gestalten. Einen gärtnerischen Umgang mit sich und anderen pflegen bedeutet, sich selbst und anderen umsichtige Unterstützung und Beschränkung beim gemeinsamen Wachsen zu geben und so Vertrauen und Verantwortung zu entwickeln.[9]

Was jede einzelne Person mit dem Gartengedanken verbindet, im Garten sucht und sich von ihm erhofft, wird unterschiedlich sein. Aber gerade die

---

8 So hat z.B. Gotthard Strohmaier eine Auswahl von Texten Al-Bīrūnīs mit dem Untertitel versehen: In den Gärten der Wissenschaft, Reclam, Leipzig, 2002.
9 Plahl, Christine, „Psychologie des Gartens. Anmerkungen zu einer natürlichen Beziehung.", in: Callo, u.a. (Hrsg.), *Mensch und Garten. Ein Dialog zwischen Sozialer Arbeit und Gartenbau*, Tagungsdokumentation, München, 2004, 65 – 66.

Fülle an Möglichkeiten, welche ein Garten eröffnet, macht ihn für viele Menschen so wertvoll.

Wenn ich hier von Gärten sprechen werde, so sind damit Ausschnitte *außermenschlicher Natur* gemeint, die in einer aktiven Auseinander-setzung von Menschen stehen und als Einzelgarten oder in Form von Gemeinschaftsgärten bestehen. Es handelt sich dabei um Grundstücke, welche vorwiegend Teil einer subsistenten[10] Praxis sind und damit auch Macht über die eigene *Lebensmittel*[11]versorgung - oder zumindest einen Teil dieser - gewähren. Es sind von kleinen Parzellen – z. B. nur für die eigene Versorgung von Kräutern oder wenigen Gemüsesorten - bis hin zu Kleinstlandwirtschaften, welche auch ermöglichen, einen Teil der *Früchte der Arbeit* an Dritte zu verkaufen, alle Zwischenstufen vertreten.

Wenn die Gärten durchaus auch künstlerischen Aspekten genügen und ästhetisch wertvoll sind, z.b. wenn verschiedene bunte Blumen oder Skulpturen in den Gärten zu finden sind, so sind sie eher in die alten europäischen Bäuerinnengärten als in die modernen Ziergärten einzuordnen. Obwohl ihr Erholungswert unumstritten ist, sind sie nicht mit städtischen Parks zu verwechseln, auch wenn sie in solchen entstehen können. Es werden in ihnen Mittel für das Leben produziert, trotzdem – oder gerade deshalb – setzen sie sich von modernen Formen konventioneller Nahrungsmittelproduktion ab. Sie stellen einen Lebens-, nicht ausschließlich einen Arbeitsbereich dar, denn sie lassen Ruhe und Tätigsein in gleicher Weise zu. Was sie prägt, ist ihre Vielfalt in sozialer wie ökologischer Betrachtungsweise.

Das Vorhandensein oder Nichtvorhandensein von Gärten und ihre Art und Form spiegeln das Verhältnis der Menschen zu *Natur* wider. Die Entwicklungen des 19., aber vor allem des 20. Jahrhunderts, haben die Städte in unglaublicher Geschwindigkeit anwachsen lassen. Die Gärten, welche hier beschrieben werden, finden eben auch genau in dieser Struktur wieder Eingang - wenn sie je ganz daraus verschwunden sind. Sie sind Bewältigungs- bzw. Lebensgärten, wobei dies nicht zu trennen ist, aber verschiedene Perspektiven zum Ausdruck bringt. Während die Bewältigungsgärten auch ein Leben lang bewirtschaftet werden und einen Beitrag zum *Guten Leben* leisten können, dienen Lebensgärten oft auch der Bewältigung.

---

10 Subsistenz siehe Kapitel 3.4.3.
11 Unter Lebensmittel sollen alle Mittel verstanden werden, welche sich aus einem Garten für das Überleben und *Gute Leben* erobern lassen, ohne die Grundlage der Versorgung damit zu zerstören.

Die Tätigkeit im Garten enthält Wissen, das nicht über Bücher vermittelt werden kann, weil es ein tätiges Wissen ist. Nur wenn die Tätigkeit und das, womit die Tätigkeit verbunden ist, erhalten bleiben, geht auch das Wissen nicht verloren. Das Tätigsein im Garten kann einen wesentlichen Anteil daran haben, ob wir unser Leben als ein *Gutes Leben* beurteilen oder nicht, nämlich dann, wenn uns der Garten ermöglicht, unsere Fähigkeiten zu realisieren, welche durch soziale Problemfelder wie Arbeitslosigkeit, Migration und Armut ansonsten brachliegen würden. Der Garten gibt uns einen Zeitplan vor, welchen wir gestalten können, wo Lust und Last nahe bei einander liegen. Er ermächtigt uns, Eigenes mit dem Gemeinsamen zu verbinden. Die alte Tradition der Allmende, die gemeinschaftliche Nutzung von Gütern wie Land, Wasser oder Saatgut, bietet eine Möglichkeit, soziale und Natur erhaltende Elemente zu verbinden. Das gemeinsame Wirtschaften folgt dem Grundsatz: teilen macht mehr daraus.

Das vorliegende Buch soll in verschiedenen Argumentationslinien durchdenken, was in dem anfangs erwähnten Satz bosnischer Flüchtlingsfrauen enthalten ist, und die aktuelle Bedeutung von gemeinschaftlich bewirtschafteten *interkulturellen* Gärten herausarbeiten.

2 Natur-Mensch

2.1 Versuch über ein Bezugsverhältnis

In einer immer *globalisierteren Welt*, wo Menschen, Ideen und Denkmuster um den Erdball transportiert werden, von denen wenige starken Einfluss, andere wenig bis keinen Einfluss auf den Großteil der Bevölkerung gewinnen können, sind wir gefordert, diese Denkmodelle wahrzunehmen und zu beurteilen (Informationsflut). Jedoch bietet die *relativ leichte Erreichbarkeit* von vielfältig erarbeiteten Denkansätzen und Problemlösungen (für einige von uns) ein großes Repertoire von Möglichkeiten, diese auf bestehende Probleme anzuwenden. Dafür ist es aber notwendig, die bestehenden Chancen zu erkennen und Vermittlungs-strategien zu erarbeiten, denn nicht alle Informationen, die uns erreichen, sind für uns verständlich und umsetzbar. Die Welt hat im Laufe ihrer Geschichte bereits viele Problemlösungen erarbeitet - dabei sei nicht nur an große Staats- oder Weltmodelle, sondern auch an ganz alltägliche Überlebensstrategien gedacht. Das Erkennen einer ökologischen und sozialen Krise hat aber auch viele neue Fragen aufgezeigt. Interkulturelle Gärten stellen Orte dar, wo Fragen und Problemlösungen aufeinander treffen und genau für dieses alltägliche Handeln fruchtbar gemacht werden können. Die Vielfalt der DiskursteilnehmerInnen (mit unterschied-lichen ethnischen und sozialen Hintergründen, Professionen, persönlichen Erfahrungen und Fähigkeiten,...) bietet eine außergewöhnliche Breite an Zugängen, die aber erst an die Oberfläche gebracht werden muss. Die Erfahrung, dass die eigene Stimme etwas zählt und gehört werden will, bildet einen persönlichen Bewältigungsraum, welcher eigene Perspektiven in der unmittelbaren Teilhabe an Gegenwart und Zukunft eröffnet. Durch Klimawandel und andere sich ändernde äußere Bedingungen können Kenntnisse an Bedeutung gewinnen, welche davor als bedeutungslos galten. Im fehlenden oder vorhandenen Garten werden der Naturbegriff und der Naturzugang zu einem wesentlichen Thema. Der Austausch über persönliche Erfahrungen und kulturelle Bilder schafft ein breites Spektrum, in welchem Alternativen und Parallelen wahrgenommen werden können.

Der Begriff Natur eröffnet in seiner Diversität und damit Unschärfe – er lässt sich nur in einem zeitlich, örtlich, subjektiv eingrenzbaren Bereich präzisieren – immer wieder einen Freiraum, eben über diesen Begriff neu nachzudenken. Dieses neuerliche Überdenken soll ein Akt des Er- und Anerkennens von Grenzen und des Neuordnens von vielfältig Unüberschaubarem sein, welches veränderlich bleibt.

Wie wir die Natur denken, so erscheint sie uns, so ordnen wir sie ein und diese Beurteilung beeinflusst auch unser Handeln. Die Definitionen sind aber nicht beliebig, weil sie benennen, was wir erfahren, wie wir das Erfahrene denken und wie wir es aufgrund unserer gewachsenen Vorerfahrungen, überlieferten Denkmuster und anderer äußerer und innerer Einflüsse interpretieren; die Zuordnung der Erscheinungen zu einem Begriff „Natur" ist fließend.

Die Frage also, ob etwas Natur ist oder nicht, hängt wesentlich davon ab, wie der Begriff Natur gefasst wird, und hat auch Einfluss auf unseren Umgang mit dem, was für uns Natur ist. Dies gilt demnach auch für die Frage, ob Menschen Natur sind - ein Teil von ihr oder ganz, ob sie ihr angehören, an ihr partizipieren, ihr gegenüber stehen, ihre Krönung sind oder ihr Schaden. Wir haben aber auch ein implizites Wissen[12] von dem, was Natur und was Menschen sind, d.h. wir wissen über unser Sein und Natur mehr, als wir sagen können.

Das Etymologische Wörterbuch des Deutschen gibt für Natur folgende Bedeutungen an: „Gesamtheit des Gewachsenen, Gewordenen, Landschaft mit Tier- und Pflanzenwelt, Wesen, Anlage, Charakter, [...] Geborensein"[13]. Diese *Naturdefinitionen* unterscheiden sich in dem, was sie einschließen und ausschließen und in der Art der Betrachtung. Auch in der Geschichte der Philosophie finden wir verschiedene Definitionsweisen der Natur bzw. der Einordnung des Menschen in sie oder außerhalb von ihr, je nachdem, wie der Naturbegriff aufgefasst wird.

John Stuart Mill[14] spricht von zwei Naturauffassungen, die hier wie folgt bezeichnet werden als:
Natur als das Andere, 2. Natur als alles Seiende.[15]

---

12 Polanyi,M., *Implizites Wissen*, Suhrkamp, Frankfurt am Main, 1985 (*The Tacit Dimension*, New York, 1966) und später im Text.
13 *Etymologisches Wörterbuch des Deutschen*, dtv, München, 2000, 913.
14 Mill, John Stuart, Drei Essays über die Religion. Natur – Nützlichkeit der Religion – Theismus, Reclam, Stuttgart, 1984.
15 Eine andere Einteilung wählt z. B. Peter Cornelius Mayer-Tasch (2001), in dem er die Auffassung der „Berechnung" der „symbolischen Auffassung" von Natur entgegenstellt. Die Fülle an Einteilungen der Naturauffassungen verweist auf die Schwierigkeit, Natur überhaupt zu fassen. Im vorliegenden Zusammenhang erschien mir die Einteilung von Mill hilfreich, weil sie von einer Positionierung der Menschen in Bezug zu Natur ausgeht.

Ich will nachfolgend diese - wohlgemerkt sehr grobe Zweiteilung – aufnehmen und die verschiedenen Einflüsse auf den Naturzugang kurz skizzieren.

2.1.1 Natur als das Andere

Mit dem *Anderen* kann das absolut Andere gemeint sein, das nichts mit *mir* zu tun hat oder das *Andere*, das ich mir abstrakt gegenüberstelle. Die Natur als das Andere entwickelte sich zum einen aus einem sprachlichen Mangel (homonymer Charakter des Wortes Natur), aber auch aus oder gemeinsam mit einem bestimmten Naturverständnis. Die Natur als *das Andere* lässt sich also 1. hierarchisch, 2. gleichrangig achtend, aber isoliert oder 3. gleichrangig involviert verstehen. In jedem Fall aber stehen wir dabei der Natur gegenüber als das von ihr aus gesehen Andere bzw. umgekehrt.

Vor allem in *westlichen Kulturen* ist ein Naturverständnis in Verbindung mit bestimmten sozialen, politischen und wirtschaftlichen Entwicklungen entstanden, das sich durch Kolonialisierung und Globalisierung über viele Teile der Erde verbreitete und zu einer *Entfremdung* der Menschen von einem aktiven Umgang mit Natur beigetragen hat. Damit ist ein Naturverständnis gemeint, das sich in der Instrumentalisierung der Natur als Ressource durch aufkommende Massenproduktionen und Industrialisierung ausdrückt. Andererseits ist damit aber auch ein *Naturschutzverständnis* verbunden, das eine unantastbare Natur fordert, die vor den Menschen geschützt werden soll.

Wir denken aus einem *Ich* heraus, das voraussetzt, dass wir uns von anderen unterscheiden. Das Bewusstsein eines *Ichs*, das etwas wahr-nimmt, welches sich ihm nicht als es selbst zeigt, wird ihm zum Gegenstand, der unabhängig von diesem selbst existiert. Er wird als ein Anderes erfahren (gedanklich kann uns aber auch unser Selbst zum Gegenstand werden und damit zu etwas Fremdem). Worüber wir denken, denken wir als Entitäten, was wir denken, wird uns zum Ding und so wird auch Natur gegenständlich gedacht.

Was in der Erscheinungswelt den Menschen gegenübertritt, erfahren sie als das Andere. Sie sind gewohnt, in Gruppen und Ordnungen zu denken und so ordnen sie die ihnen Ähnlichen[16] einem Wir zu, die den weniger Ähnlichen gegenüberstehen. So wird oft die Gegenüberstellung von Mensch und Natur getroffen. Das *Wir* sind die Menschen (manchmal sogar nur eine ausgewählte Gruppe von Menschen, z. B. weiße Männer, manchmal auch nur ein *Ich*), das Andere ist die Natur, wobei oft eine hierarchische Stufung mit dieser Einteilung einhergeht. Hier finden wir viele

---

16 Wobei auch die Ähnlichkeit an bestimmten weltanschaulichen Kriterien festgemacht wird.

Begriffe, die *der Natur* gegenübergestellt bzw. als *natürlich* auf-gefasst werden. So führt Val Plumwood in ihrem Buch „Feminism and the Mastery of Nature"[17] folgende Gegenüberstellungen an, die sie in einem stark hierarchisierten Verhältnis kritisch aufzeigt, wobei *das Natürliche* als eine Kategorie des Minderwertigeren vorkommt:

> culture/nature
> reason/nature
> male/female
> mind/body (nature)
> master/slave
> reason/matter (physicality)
> rationality/animality (nature)
> reason/emotion (nature)
> mind, spirit/nature
> freedom/necessity (nature)
> universal/particular
> human/nature (non-human)
> civilised/primitive (nature)
> production/reproduction (nature)
> public/private
> subject/object
> self/other
> (Plumwood, Val, 1993, 43)

Plumwood zeigt, wie der Begriff Natur hier benützt wird, um Herrschaftsverhältnisse zu manifestieren. Als materiell, primitiv, körperlich, objekthaft, unfrei, emotional, unreflektiert, naiv, geistlos, usw. wird Natur zu einer Setzung, die ein entsprechendes Handeln, einen entsprechenden Umgang mit ihr zu *rechtfertigen* scheint.

Gegenüberstellungen wie diese führen zu Konstruktionen wie die des gespaltenen Menschen (Körper/Natur und Geist). So spricht z. B. Gernot Böhme von der „traditionellen Verstehensweise von Natur", wo der Leib als „natürlicher Anteil des Menschen" und „Natur im Sinne von Das Gegebene"[18] verstanden wird. Als natürlicher Anteil bleibt der Leib als äußere Hülle nur ein Instrument für den inneren Geist:

> Der neuzeitliche Mensch hat seine Beziehung zu seinem eigenen Leib selbst als eine Außenbeziehung bzw. eine äußerliche Beziehung verstanden und gelebt: indem er sich als Vernunftwesen definierte, grenzte er seine eigene Natur-

---

17 Plumwood, V., *Feminism and the Mastery of Nature*, Routledge, London, New York, 1993.
18 Böhme, Gernot, „Natur – ein Thema für die Psychologie?", in: Seel, Hans-Jürgen (Hrsg.), *Mensch-Natur. Zur Psychologie einer problematischen Beziehung*, Westdeutscher Verlag, Opladen, 1993, 30.

haftigkeit aus. Sie war ihm das Äußerliche, das es zu beherrschen, zu disziplinieren, zu regeln galt. Die Disziplinierung des menschlichen Leibes durch bürgerliche Pädagogik, Militär und Fabrikarbeit und schließlich durch die modern-en Lebensformen überhaupt, die Auffassung des Körpers als einer Maschine in der naturwissenschaftlich-technischen Medizin, das Herabdrücken des Körpers zu einem Instrument, das zwar pfleglich behandelt werden muß, aber letzten Endes doch einem Leben dient, das sich eigentlich in der gesellschaftlich-geistigen Sphäre abspielt, waren Manifestationen eines Selbstverständnisses des Menschen, nach dem ihm die nächste Natur, der eigene Leib, äußerlich blieb.[19]

Der Leib rückt in die *äußere Natur*, wird maximal zum Aufputz. Die Beziehung von innerer und äußerer Natur wird aber gerade im Zeitalter der ökologischen Krise in einer besonderen Form aktuell:

> Der menschliche Leib [...] liegt im Zentrum des sogenannten Umweltproblems. An seiner Betroffenheit ist uns die äußere Natur in ganz anderer Weise als in den vergangenen Jahrhunderten Thema geworden. Und am Leib als der nächsten Natur, der Natur, die wir selbst sind, entscheidet sich unsere Beziehung zur äußeren Natur.[20]

Die Tatsache, dass Menschen über Eigenschaften verfügen, die in der übrigen bekannten Natur nicht im selben Ausmaß gefunden werden, gewährt ihnen einen sehr weiten Handlungsfreiraum und scheint nach diesem Naturverständnis eine Hierarchisierung zu legitimieren. Diese - Herrschaftsverhältnisse gegenüber der Natur beinhaltenden – Gedankenmodelle waren und sind v.a. Anlass für die entstandene Kritik am vorliegenden Naturbegriff und haben zu einem weiten Feld kritischer Literatur beigetragen.

Christoph Görg hat in seinem Buch „Regulation der Naturverhältnisse"[21] die Kritik an diesem Herrschaftsmodell - angelehnt an die Frankfurter Schule, allen voran an Theodor W. Adorno - sehr eindrücklich dargestellt. Folgende Punkte erscheinen mir für das vorliegende Thema von Bedeutung:

- Definition von Natur*beherrschung*: „mehr oder weniger vollständige Subsumtion unter gesellschaftliche Klassifikationsschemata" und Natur*ausbeutung*[22] in Abgrenzung der Natur*aneignung* als notwendige Lebensgrundlage.

---

19 Böhme, Gernot, *Für eine ökologische Naturästhetik*, edition suhrkamp, Frankfurt/M. 1989, 72.
20 Ebenda, 35.
21 Görg, Christoph, *Regulation der Naturverhältnisse*, Westfälisches Dampfboot, Münster, 2003.
22 Ebenda, 43.

- „Erst die soziale Herrschaft ermöglicht mit der Distanz zur Natur die Ideologie ihrer vollständigen Beherrschbarkeit der Natur als Abstraktion von allen besonderen Qualitäten."[23]
- Daraus ergeben sich drei Aspekte der Herrschaft: Naturbeherrschung, soziale Herrschaft, Herrschaft im Subjekt[24].
- Herbert Marcuses Hinweis auf die Einarbeitung der gesellschaftlichen Herrschaftsverhältnisse in die Technik selbst, die nicht erst in ihrer Verwendung Ausdruck finden.[25]
- Die Wahrnehmung des Scheiterns der Naturbeherrschung führt zu einer „reflexiven Modernisierung der Naturbeherrschung", die im Versuch der naturbeherrschenden Kontrolle der Folgen neuerlich scheitert.[26]
- „*Verleugnung der Eigenständigkeit eines Anderen* als die Bedingung der eigenen (vermeintlichen) Unabhängigkeit ist die Grundform von Herrschaft."[27]
- Demgegenüber setzt Görg Adornos Darstellung der „Kommunikation des Unterschiedenen", eines „Unterschiedenen ohne Herrschaft, in dem das Unterschiedene teilhat aneinander". (Adorno, 1969, 153)[28]
- „Naturbeherrschung ist damit kein unabwendbares Resultat des Zwangs zur Naturaneignung."[29]

Herrschaft wird dabei nicht isoliert betrachtet, sondern als ein Phänomen, das sich in Individuum, Gesellschaft und Natur gleichermaßen fortsetzt. Sie ist bereits so tief mit einer bestimmten Sichtweise vernetzt, dass ihre Produkte (Technik) und auch die Versuche, die entstandene Situation unter Kontrolle zu bringen, von diesen Herrschaftsmustern infiltriert sind. Die Lösung aus diesem Herrschaftsverhältnis bedingt, andere in ihrer Eigenständigkeit wahrzunehmen. Diese Herrschaftsverhältnisse bestehen zwischen jenen, welche als Natur bzw. als natürlich angesehen (Frauen, *einfache Leute, Eingeborene*, nichtmenschliche Tiere,...) und jenen, die als Nicht-Natur betrachtet werden.

Die Erfahrung, dass von Menschen Produziertes (v. a. von so genannten hoch entwickelten Menschen) sich in wesentlichen Aspekten von anderen

---

23 Ebenda, 36.
24 Ebenda, 34.
25 Ebenda, 57.
26 Ebenda, 59.
27 Ebenda, 41.
28 Ebenda, 53.
29 Ebenda, 84.

Gegenständen unterscheidet, scheint das hierarchische Gedankenmodell zu bestätigen.
Diese *Gegen-setzung* sieht sich einem komplexen Phänomen gegenüber, das die Einzelphänomene in mancher Weise nicht klar in Gegensatz setzen kann. Natur als das Nicht-vom-Menschen-gemachte zu verstehen, sieht sich z. B. der Schwierigkeit gegenüber, die Menschen selbst in dieser Gegenüberstellung einzuordnen. Werden sie als Gegensatz der Natur gefasst, entsteht das Problem der Körperlichkeit der Menschen, die nur schwer als nicht natürlich einzuordnen ist. Verstand, Vernunft und rationales Handeln aber bilden den Angelpunkt von Gegenüberstellungen, die den Geist als Gegensatz zu natürlichen Phänomenen setzen – Natur als „Das Andere der Vernunft"[30].
Natur als das Andere bietet aber auch einen Ort der Befreiung von menschlichen Belangen. Die Vorstellung, *in der freien Natur* von gesellschaftlichen Zwängen befreit zu sein, wirkt als Ausgleich und Erholung.

> Der Weg nach draußen, in die Natur, ist der Weg heraus aus den festgelegten Konventionen der überall präsenten gesellschaftlichen Kontrolle. Die Sehnsucht nach der Natur erweist sich als die Sehnsucht nach einem Ort, an dem nicht Arbeit, zweckrationales Handeln und rationale Rechtfertigung gefordert sind, an dem vielmehr Liebe, Sinnlichkeit und Gefühl walten. (Böhme, Gernot, 1989, 59)

Natur wird dabei immer mehr als schwieriger Begriff aufgefasst und mit zusätzlichen Begriffen wie Welt, Umwelt, Mitwelt oder Landschaft umschrieben.
Eine Schwierigkeit, Natur zu definieren, zeigt sich darin, dass wir nur unsere *Welt (als engere oder weitere Lebensumgebung in unserem subjektiven Blickfeld)* wahrnehmen und beschreiben können, wie sie großteils als geformte Natur besteht, auch wenn es uns durch technische Mittel gelingt, weitere Räume zu erreichen. *Welt* beinhaltet eine Ein-schränkung der Natur auf einen Erfahrungsraum, den wir haben oder uns schaffen.
Der *Umwelt*gedanke hat auch *die Natur* wieder in ein begrifflich näheres Verhältnis zu den Menschen gebracht. Er ist verbunden mit der Wertung von Natur als etwas, das uns *nahe* ist und in dieser Nähe begreiflich macht, dass das uns Umgebende auch für das eigene *Gute Leben* von entscheidender Relevanz ist.
Das Wuppertal-Institut definierte 1996 den *Umweltraum* wie folgt:

> Der Umweltraum bezeichnet den Raum, den die Menschen in der natürlichen Umwelt benutzen können, ohne wesentliche Charakteristika nachhaltig zu beeinträchtigen. Der Umweltraum ergibt sich aus der ökologischen Tragfähigkeit von

---

30 Böhme, H., Böhme, G., *Das Andere der Vernunft*, Suhrkamp, Frankfurt am Main, 1985.

Ökosystemen, der Regenerationsfähigkeit natürlicher Ressourcen und der Verfügbarkeit von Ressourcen... Der Begriff des Umweltraums erkennt die Viel-falt der Nutzungsmöglichkeiten der natürlichen Umwelt für den Menschen an.[31]

Der *Mitwelt*gedanke hebt hervor, dass wir sozusagen nur *ein* Teil dieser Welt sind und *mit* anderen diese Welt bewohnen.

Die *Natur als Landschaft* setzt sie als Gegend und Bild[32], als Ästhetisches, das uns zur Betrachtung dient und uns damit zu einem *Kunstwerk* wird. Diese Naturbetrachtung begann in Europa v. a. mit den romantischen Vor-stellungen des 19. Jahrhunderts als Antwort auf die beginnende industriel-le Ausrichtung der Gesellschaft. In dieser Betrachtungsweise erhält aber auch der Atompilz eine ästhetische Schönheit[33], die über das Betrachtete an sich und das von ihm Zerstörte in seiner Vergänglichkeit hinweg-täuscht.

Die Kritik an der Ästhetisierung der Natur setzt sich der Gefahr aus, Natur als das ausschließlich Gute zu sehen, dem zu folgen ist[34]. Auch ein Vulkanausbruch enthält den Aspekt des ästhetisch Schönen und gleich-zeitig eine *zerstörende Kraft*. Wir empfinden aber beides (Atompilz und Vulkanausbruch) als unterschiedliche Phänomene – von ihrem Ursprung her (Menschen, andere Natur) – da wir auf das eine bewussten, auf das andere keinen oder kaum bewussten Einfluss haben. Wie sollen also Menschen innerhalb der bzw. in Bezug auf Umwelt, Mitwelt und Land-schaft handeln – verantwortlich, menschlich, natürlich?

Naturethik kann von anthropozentrischem, patho-, physiozentrischem oder holistischem Naturverständnis ausgehen, je nachdem, wie unser Verhältnis zu Natur als Phänomen, dem wir angehören oder gegenüberstehen, gefasst wird, wen wir in den zu berücksichtigenden Kreis aufnehmen und wen nicht.[35]

Hans Jonas fordert *Verantwortung*[36] der Menschen für die Natur. Bereits im 2. vorchristlichen Jahrhundert kritisierte Prinz Liu An von Huainan in

---

31 Zitiert nach Altvater, Elmar und Mahnkopf, Birgit, *Grenzen der Globalisierung – Ökonomie, Ökologie und Politik in der Weltgesellschaft*, Westfälisches Dampfboot, Münster, 1997, 522.
32 In manchen Regionen Österreichs wurden in den letzten Jahren leere Rahmen aufgestellt, um durch diese Rahmen auf das „Kunstwerk" Natur und dessen Schönheit aufmerksam zu machen. Einerseits fordern diese mit *Natur* gefüllten Rahmen Aufmerk-samkeit, andererseits aber bauen sie auch eine gewisse Distanz auf, die einen aktiven Kontakt verstellt und das Betrachten hervorhebt.
33 Biegert, C., Die schreckliche Ästhetik der Atombombe, *Natur & Kosmos*, März 2004, 54.
34 vgl. Mill, John Stuart, 1984.
35 dazu: Krebs, A., *Naturethik*, Suhrkamp, Frankfurt am Main, 1997.
36 Jonas, H., *Das Prinzip Verantwortung*, Insel, Frankfurt am Main, 1979, als Antwort auf Ernst Blochs *Prinzip Hoffnung*, Suhrkamp, Frankfurt am Main, 2001 (1953-59).

China „den Raubbau an der Natur"[37], und zu verschiedenen Epochen wurde in China Verantwortung des Menschen gegenüber der Natur gefordert.[38] Diese setzt die Tatsache voraus, dass wir Verantwortung für die Natur überhaupt übernehmen können und uns der Handlungsmacht bewusst sind. Diese handelnde Verantwortung bedingt zusammenhängendes Wissen über die Auswirkungen unserer Tätigkeiten. Nur die Möglichkeit eigenmächtigen Handelns gibt die Macht, Verant-wortung übernehmen zu können.

Adorno setzt den Begriff der *Versöhnung* als anzustrebendes Verhältnis zwischen Menschen und Natur, in dem „ein Anderes als Fremdes respektiert wird" (Görg, 2003, 54). In diesem Zusammenhang soll das Fremde als etwas zu Respektierendes dargestellt werden, gerade weil es Fremdes ist, das eben nicht einfach vereinnahmt werden kann.

Je nachdem, in welcher Position wir uns gegenüber dem Anderen (der Natur) sehen, können wir mit Gefühlen oder Haltungen wie Achtung, Angst, Selbstherrlichkeit, Abenteuerlust, Bedrohung oder vertrauensvoll geborgener Sicherheit reagieren. Diese sind Auswirkungen unserer persönlichen Geschichte, d.h. unserer Erfahrungen und haben Einfluss auf unser Verhalten gegenüber Natur.

Jede der angeführten Auffassungen jedoch hat einen Grund, *wissend*, vorausblickend und nachhaltig zu handeln, um das *Kunstwerk Natur* in seiner Schönheit zu erhalten, um in einer *intakten* Umwelt zu überleben, gut zu leben und mit einer Mitwelt aktiv kommunizieren zu können.

Wenn wir aber von dem Zugang zu außermenschlicher Natur abgeschlossen sind, wird uns bald bewusst, dass etwas fehlt, und wir suchen nach dem Anderen. Zimmerpflanzen oder Haustiere, ein Spaziergang im Wald oder ein Garten, den wir bewirtschaften, dies alles sind Zeichen dafür, sich dem Anderen nähern zu wollen, nach ihm zu suchen.

---

37 „Ganze Wälder wurden niedergebrannt um der Jagd willen...; Metalle wurden in verschwenderischer Weise ausgehoben um zu härten und zu schmieden... Auf den Bergen blieben keine hohen Bäume zurück, und die *Seidenwurm-Eiche* und der *Lindera-Baum* verschwinden von den Grabhügeln. Unglaubliche Mengen von Holz wurden ver-brannt, um Holzkohle zu produzieren, und riesige Mengen Pflanzen wurden in Pottasche verwandelt, so daß Anis und Jasmin nie zur Blüte gelangten. Über uns verdunkelte Rauch das Licht des Himmels; unter uns wurden die Reichtümer der Erde vollständig erschöpft." (zitiert nach Linck, Gudula, „Naturverständnis im vormodernen China", in: Sieferle, u.a. (Hrsg.) *Natur-Bilder. Wahrnehmungen von Natur und Umwelt in der Geschichte*, Campus, 1999, 82.)
38 Zhuang Zhou (5./4. Jh. v.Chr.), Xunzi (298 – 238 v. Chr.), Shanxi tongzhi und Lü Desheng (16. Jh.),usw. (vgl. Linck, Gudula, 1999, 108 – 110).

2.1.2 Natur als alles Seiende und ihr Wesen

> So ist also „Natur" in dieser einfachsten Bedeutung des Wortes ein Kollektivname für alle wirklichen und möglichen Tatsachen, oder, um genauer zu reden, ein Name für die uns teilweise bekannte, teilweise unbekannte Art und Weise, wie alles geschieht. Denn das Wort bezeichnet weniger die vielfältigen Einzelheiten der Erscheinungen als vielmehr einen zusammenfassenden Begriff ihres Wesens, wie er sich in einem Geist, der vollständige Kenntnis von ihr besitzt, herausbilden könnte. (Mill, John Stuart, 1984)

Natur wird hier mit dem Sein insgesamt gleichgesetzt. Sie differenziert sich innerhalb ihrer selbst. Das Natürliche entspricht dem Wesen der Dinge, wobei wir nicht im Stande sind, dieses Wesen in seiner Fülle zu erfassen. Hier ist die Grenze der Wissenschaft zu sehen und hier setzt für Religionen die Allmacht Gottes an.

Die Menschen sind nach dieser Sicht vollständig in den Naturbegriff integriert. Auch ein *Ich*, Bewusstsein, Verstand und Vernunft (zumindest in den Anlagen) werden so als etwas Gegebenes angesehen, das uns zur Verfügung steht und daher auch zum vorliegenden Naturbegriff gezählt werden muss. Wir haben uns nicht geschaffen, sondern sind über die Möglichkeit der Fortpflanzung dazu fähig, neue Menschen *zur Welt zu bringen*, auch wenn Anthropotechniken und Biotechnologie immer größeren Einfluss auf Geburt und Anlagen der Menschen bekommen. Wie ist nun aber hier der Bereich der Kunst und Technik einzuordnen?

John Stuart Mill sieht keinen Gegensatz zwischen Natur und Kunst:

> Denn in dem eben definierten und streng wissenschaftlichen Sinn des Wortes „Natur" ist die Kunst ebenso sehr Natur wie alles andere auch, und ist alles, was künstlich ist, natürlich. Die Kunst ist keine unabhängige Kraft, sie ist nur die Anwendung der Kräfte der Natur zu einem bestimmten Zweck. Erscheinungen, die durch menschliche Tätigkeit hervorgebracht werden, ebenso wie die, die (was unsere Mitwirkung betrifft) unwillkürlich sind, sind bedingt durch die Eigenschaften der elementaren Kräfte oder der elementaren Stoffe und ihrer Zusammensetzung. Die vereinigten Kräfte des ganzen Menschengeschlechts wären nicht imstande, eine neue Eigenschaft der Materie im allgemeinen oder eines bestimmten ihrer Stoffe zu schaffen. Wir vermögen nichts anderes als aus den vorgefundenen Eigenschaften für unsere Zwecke Vorteile zu ziehen. Ein Schiff schwimmt nach denselben Gesetzen der spezifischen Schwere und des Gleichgewichts wie ein vom Wind entwurzelter und ins Wasser getriebener Baum. Das Getreide, das die Menschen zu ihrer Nahrung anbauen, wächst und trägt Frucht nach denselben Gesetzen der Vegetation, nach denen die wilde Rose und die Walderdbeere ihre Blüten und Früchte hervorbringen. (Mill, John Stuart, 1984)

In der Sichtweise der Natur als alles Seiende finden sich sowohl Beschreibungen von Natur als *Einheit* und *Ganzes* als auch Darstellungen der Natur als *Prozess*, als *Vielfalt* und *Pluralität*.

Im ersteren Fall stellt sich folgende Frage: Weist Natur eine solche Identität auf, die sich in einer Einheit auflöst, der wir uns (siehe Kapitel *Natur als das Andere*) entgegensetzen können oder in welche wir integriert sind, - oder ist dies ebenfalls eine gesellschaftliche Interpre-tation? Natur als Einheit erscheint als metaphysischer Komplex, der einem bestimmten Ideal entspricht, was, wer, wie Natur als Ganzes ist oder sein soll. Dabei wird von einer scheinbaren Vollkommenheit ausgegangen, vollkommen darin, konsistent zu sein. Aber gerade die Vielfalt innerhalb von *Natur* korrumpiert diese Einheit und damit auch eine klare Definition. Der Wunsch nach Einheiten entsteht in der Gedankenwelt der Menschen und führte zu dem Versuch, die äußere Welt – da wo sie nicht vollkommen genug war – durch Vereinheitlichung zu Einheiten (Klonen) werden zu lassen.

Mit dem *Vielheitsgedanken* lässt sich Natur zwar mit einem Begriff fassen, aber nicht unter dem Aspekt der Einheit im Sinne von Einheitlichkeit, sondern unter dem Aspekt des Vielfältigen. Trotzdem lassen sich in der Vielfalt Gemeinsamkeiten und Abhängigkeiten finden, die als ver-knüpfende Elemente der Vielheiten einen Überbegriff Natur rechtfertigen. Weder ist „die Natur" Natur an sich – begriffen als eine Einheit – noch sind wir ihr als Einheit entgegengesetzt. Nicht wir haben Anteil an Natur, sondern wir unterscheiden uns in unserer Natürlichkeit von anderen Natur-wesen, mit denen wir Gemeinsamkeiten haben. In diesem Sinne kann es Natur nur als Form einer Lebens- bzw. Seiensgemeinschaft geben.

Was sich uns als Natur zeigt, ist eine Erfahrungs- und Erscheinungswelt, die wir als eine zusammengehörende vernetzte Vielfalt mit unseren Möglichkeiten erfahren, denken, formen und gestalten können. Diese Natur ist dynamisch zu verstehen und hat demnach Geschichte, sie ist in uns und außerhalb von uns in gleicher Weise, aber spezifisch anders, sie ist das einzige, was uns gegeben ist, was und wie wir sind, und ist der Rahmen unserer Handlungsfreiheit. Natur ist gekennzeichnet durch die Vielfalt ihrer Erscheinungen und Möglichkeiten, aus denen wir Regel-mäßigkeiten (Gesetze) ableiten.

Wir stehen nach diesem Naturverständnis, wenn wir uns betrachten, nicht außerhalb der Natur, sondern in ihr und betrachten Teilbereiche, wobei unsere Phantasie versucht, diese Teilbereiche durch Extrapolation zu einem Ganzen zusammenzusetzen, das uns Modelle gibt, aber uns nicht ermöglicht, unsere Modelle realiter zu betrachten. Die Natur ist uns damit kein vollständiges Ganzes, das wir überblicken, sondern etwas Offenes, dem wir angehören.

Unsere Betrachtungen lassen das Betrachtete nicht unbeeinflusst, unser Eingebundensein wird uns bewusst durch das Nicht-entkommen-können aus den natürlichen Zusammenhängen.[39] Wir können am uns Gegebenen Veränderungen vornehmen, dieses beeinflussen, indem wir es formen[40] oder überformen[41], wir können durch bewusstes Handeln im Rahmen unserer Möglichkeiten, das Neuentstehen von Wesen anregen und auf die Entstehung Einfluss nehmen.

Wir sind Natur mit einem *Ich* und Handlungsfreiräumen, in denen wir die Veränderungen ausführen können, die zu unserem Überleben und *Guten Leben* notwendig sind. Denn ohne Veränderungen in der Natur vorzunehmen, ist Leben nicht möglich.[42]

Wir können Natur beeinflussen in Richtung und Geschwindigkeit, indem wir Herzschrittmacher implantieren, Gärten gestalten, Maschinen konstruieren, Gene verändern, Städte bauen, *Cyborgs*[43] werden usw. Unser Einfluss bleibt aber auf Motivieren, Verändern bis hin zum Unterbinden des Hervorbringens eines „natürlichen Geschehens" – d.h. einem Pro-zess, der ohne unser zusätzliches bewusstes Eingreifen geschieht - beschränkt, wobei dieser Einfluss bewusst oder unbewusst erfolgen kann. Wir sind nicht im Stande ex nihilo etwas zu erschaffen.

> Die menschlichen Werkmeister verrichten ihre Werke mit ihren Körpern, ihren Händen und Füssen, diese sind alle wieder Werke der Natur; auch schaffen jene ihre Werke in den ihnen gegebenen Stoffen, welches ebenfalls wieder Werke der Natur sind; so Holz, Eisen, Baumwolle, Korn u. dergl., [...]. Auch bringen sie ihre Werke durch Geräthschaften hervor, die sie erst aus den Werken der Natur her-

---

39 Damit ist die Tatsache gemeint, dass wir auf natürliche Phänomene wie Luft, Wasser und natürliche Nahrungsmittel angewiesen sind.
40 Hier ist der Ausgangsstoff noch leicht erkennbar und das Produkt lässt sich mit geringer Halbwertszeit wieder in den Naturkreislauf einfügen.
41 Die Materialien, aus denen das Produkt hergestellt wurde, sind ohne spezielle Technik nicht mehr auszumachen. Die Zeit, in welcher das Produkt ohne schädigende Wirkung in den Naturkreislauf zurückgeführt werden kann, beträgt viele Jahrzehnte bzw. Jahrhun-derte.
42 Die Leitbilder der Veränderungen hängen eng mit dem Naturverständnis der Menschen zusammen. So schreibt Habermas: „Solange die Philosophie noch glaubte, sich des Ganzen der Natur und der Geschichte versichern zu können, verfügte sie über den vermeintlich feststehenden Rahmen, in den sich das menschliche Leben der Individuen und der Gemeinschaften einzufügen habe. [...] Wie die Religionen den Lebensweg ihrer Stifter als Heilsweg präsentieren, so bot auch die Metaphysik ihre Lebensmodelle an ...". (Habermas, 2002, 12). Es liegt an uns, uns zu fragen, was unser derzeit gültiges Leitbild im Bezug auf Natur sein soll und ob es möglich ist, diesem zu folgen.
43 Eine Wortkreation von Donna Haraway, die aus den Worten cybernetic organism gebildet wird und ein Wesen darstellt, das geschlechtslos bzw. alle Geschlechter in sich bergend zwischen Maschine und Organismus steht.

nehmen, so mit dem Beil, der Säge, dem Bohrer, dem Kühlschiff, der Feder und dergleichen.[44]

Die Umwandlung des uns Gegebenen erfolgt vor allem auch durch unseren Leib, welcher verstoffwechselt, was er als Nahrung sich zuführt. Dieser organische Leib ist, woraus er sich ernährt. Nahrung ist die Basis und Substanz des Leibes. Marx formulierte das Eingebunden-Sein der Menschen in die Natur dadurch, dass er die umgebende Natur als *unorganischen Leib* der Lebewesen bezeichnete:

> Das Gattungsleben, sowohl beim Menschen als beim Tier, besteht physisch einmal darin, daß der Mensch (wie das Tier) von der unorganischen Natur lebt, und um so universeller der Mensch als das Tier, um so universeller ist der Bereich der unorganischen Natur, von der er lebt. Wie Pflanzen, Tiere, Steine, Luft, Licht etc. theoretisch einen Teil des menschlichen Bewusstseins, teils als Gegenstände der Naturwissenschaft, teils als Gegenstände der Kunst Abilden – seine geistige unorganische Natur, geistige Lebensmittel, die er erst zubereiten muß zum Genuß und zur Verdauung – so bilden sie auch praktisch einen Teil des menschlichen Lebens und der menschlichen Tätigkeit. Physisch lebt der Mensch nur von diesen Naturprodukten, mögen sie nun in der Form der Nahrung, Heizung, Kleidung, Wohnung etc. erscheinen. Die Universalität des Menschen erscheint praktisch eben in der Universalität, die die ganze Natur zu seinem unorganischen Körper macht, sowohl insofern sie 1. Ein unmittelbares Lebensmittel, als inwiefern sie d. Gegenstand/Materie und das Werkzeug seiner Lebenstätigkeit ist. Die natur ist der unorganische Leib d Menschen, nämlich die natur, so weit sie nicht selbst menschlicher Körper ist. Der Mensch lebt von der Natur, heißt: Die Natur ist sein Leib, mit dem er in beständigem Prozeß bleiben muß, um nicht zu sterben. Daß das physische und geistige Leben d Menschen mit der Natur zusammenhängt, hat keinen anderen Sinn, als daß die Natur mit sich selbst zusammenhängt, denn der Mensch ist ein Teil der Natur.[45]

Für Marx ist die Natur also ein zusammenhängendes Phänomen, dem Menschen wie nichtmenschliche Tiere angehören, aber nicht nur als ein einfacher Bestandteil, sondern als integrierte Vernetztheit, die aus der Notwendigkeit ihres *geistigen und körperlichen* Seins besteht. Dieser zweite (*unorganische*) Leib, den wir mit anderen Lebewesen teilen, bildet eine Erweiterung des ersten organischen Körpers, d.h. diesen unorganischen Leib haben wir gemeinsam bzw. er hat uns. Was wir an diesem

---

44 Dieterici, Friedrich, *Die Naturanschauung und Naturphilosophie der Araber im zehnten Jahrhundert,* Institute for the History of Arabic-Islamic Science at the Johann Wolfgang Goethe University, Frankfurt am Main, 1999, 142.
45 Marx, Karl, „Ökonomisch-philosophische Manuskripte", Heft I, 1. Abteilung, Bd. 2, 239-242, zitiert nach Schiemann, Gregor, *Was ist Natur?*, dtv, München, 1996, 181-182.

Leib vornehmen, hat Einfluss auf die anderen organischen Körper, die mit diesem Leib verbunden sind.
Eine Weiterführung in diese Richtung wäre der Gedanke der Welt als einem Lebewesen, wie er bei Platon als Welt mit Weltseele zu finden ist, aber auch bei moderneren Vorstellungen wie der der Gaia-Theorie.

Auch wenn sich heute die Größenordnung der Eingriffe geändert haben mag: wir bleiben auch mit unserer Technik in dem uns Gegebenen verhaftet. Es können Eingriffe positive oder negative Auswirkungen haben, aber dennoch bleiben sie im Bereich *unserer Möglichkeiten* und wachsen nicht darüber hinaus. Die Einschränkungen unseres Handelns in diesem Rahmen liegen nicht in der Grenze des *Natürlichen*, sondern werden von uns durch moralische und ethische Grundhaltungen gesetzt, welche uns motivieren, so oder anders zu handeln.

2.2 Begriffsklärung

Es treten häufig verschiedene Naturauffassungen und –begriffe gleichzeitig auf. Tendenziell lassen wir uns jedoch von einem leiten, d.h. unser Augenmerk liegt entweder auf der Unterscheidung und Abhebung von Natur oder auf den Gemeinsamkeiten; wir suchen das Trennende oder das Verbindende.

Aus dem Gesagten lässt sich folgende Einteilung von Begriffen treffen und diese soll auch die Verständlichkeit im Text erleichtern:

Natur**begriff** als sprachliche Form: nicht in allen Sprachen existiert ein Überbegriff Natur.[46] *Natürliches* sprachlich auszudrücken ist sehr vielfältig. Im Text wird jedoch aus Handhabbarkeitsgründen nur von *Natur* gesprochen.
Natur**auffassung** als der Bereich, den *Natur* umfasst: was alles bezeichnet der Begriff, was schließt er ein und was schließt er aus. Mit Naturauffassung wird also der Inhalt bezeichnet, welchen der Begriff abdeckt.
Natur**verständnis** als Haltung gegenüber *Natur*: welche Haltung gegenüber dem als Natur Bezeichneten nehme ich ein? Verstehe ich mich als über-, gleich- oder untergeordnetes Wesen gegenüber meiner umgebenden Natur oder habe ich Anteil an ihr?

---

46 Gudula Linck (1999) nennt z. B. für das Chinesische folgende Möglichkeiten, Natur begrifflich auszudrücken: ziran (das *von-selbst-so-Seiende*), dao (Weltengrund), tiandi (Himmel und Erde), tian (Himmel/Natur), qizhihua (die Wandlungen des qi), wanwu (Zehntausend Wesen und Dinge), wuxing (Fünf Wandlungsphasen).

Naturzugang als den Bereich des tatsächlichen Verhaltens: Es ist die tatsächliche Möglichkeit, welche sich im Umgang mit Natur realisiert, in welcher die Potentialität in eine Realität umge-wandelt werden kann. Wird mir der Zugang verwehrt, so wird mir auch die Realisierung nicht ermöglicht. Meine Haltung entspricht nicht immer meinem realen Tätigsein, je nachdem welchen Stellen-wert sie gegenüber anderen äußeren Einflüssen einnehmen kann. Wie ich mich tatsächlich im Umgang mit meiner natürlichen Umwelt verhalte, drückt sich erst im tatsächlichen Naturzugang aus.

Natürlich lassen sich Naturauffassung und –verständnis nicht vom Naturbegriff trennen; sie stehen hinter dem Begriff und werden von ihm ausgedrückt: als Überbegriff (zusammenfassend), als Objektbegriff (bezeichnend), als Symbolbegriff (stellvertretend), als Ausdruck (vermittelnd). Es ist jedoch möglich, Natur als „Alles Seiende" aufzufassen und gleich-zeitig begrifflich zwischen Natur und Technik zu unterscheiden.

Der Naturzugang wiederum ist nicht nur von den vorgenannten anderen abhängig, sondern wird durch unterschiedliche Faktoren beeinflusst und enthält die Art und Weise, wie wir uns der Natur gegenüber verhalten. Dieses Verhalten steht in einem komplexen Netz unterschiedlicher Einflüsse:

– Religion und Kultur
– Wissenschaft und Politik
– Soziale und individuelle Kriterien
– Lebensumstände und Möglichkeit

2.3 Einflussbereiche

2.3.1 Natur im Blickwinkel von Religionen

Gottheiten oder ein Gott als Schöpfer der Natur als Ganzes oder die Natur als Emanation, als Verwirklichung Gottes, als göttlich oder GöttInnen als Geister der Naturphänomene – die religiösen Vorstellungen, was Natur ist, wie sie wirkt und sich äußert, unterscheiden sich in vielfältiger Weise. Oft wird gerade in diesem Zusammenhang Natur personifiziert: in Form von Göttern oder Geistern ist direkte Kommunikation mit Natur möglich, welche heilen und strafen kann.

Auch das Verständnis, was die Menschen in dieser Hinsicht sind, weist eine große Bandbreite auf: von der Krone der Schöpfung bis zum Verwalter bzw. Hirten, vom Ebenbild Gottes bis zum Diener, vom Erleuch-teten bis zu einem einfachen kleinen Teil der Natur. Viele Naturbilder haben religiöse Wurzeln, verändern sich aber mit der Zeit und sind je nach Lebensumständen und -situationen stärker oder weniger maßgebend für unser Verhalten.

Peter Koslowski stellt in dem von ihm herausgegebenen Sammelband „Natur und Technik in den Weltreligionen"[47] fest, dass „das Verhältnis des Menschen zur Natur [...] in allen Weltreligionen zentraler Gegenstand der religiösen Lehre und Ethik"[48] ist, und wagt einen Vergleich: Der Mensch der jüdisch-christlichen Tradition sei durch den Fall zu einem Mängelwesen geworden, das die von ihm verursachten Mängel durch Anstrengung mittels Arbeit und Technik sowie durch die mitwirkende Hilfe Gottes selbst beheben müsse.

> Auf jeden Fall zeigt sich, daß im jüdischen Denken die Auseinandersetzung mit der Natur nicht nach Maßgabe der Herstellung eines Werkstücks, sondern – ohne magisch oder anthropomorphisierend zu wirken – nach Maßgabe eines komplexen sozialen Gefüges und eines Herrschaftsverhältnisses gebildet ist, das keinesfalls als Unterwerfungs-, sondern als ein vielfältiges, wechselseitiges Verpflichtungsverhältnis gezeichnet ist.
> [...]
> Die Schöpfung, die Gottes ist und dem Menschen treuhänderisch überlassen wird, bis hin zu den Böden, an denen letztlich kein ewiges Privateigentum zulässig ist, sind Gottes. (Koslowski, Peter, 2001, 33)

Demgegenüber sieht Koslowski einen Unterschied zu den „östlichen Religionen", welche sich der „Realtechnik der Wirtschaft und der Sozialtechnik der Organisation" deshalb nicht so leicht angeschlossen hatten,

> weil sie die aus dem Sündenfall folgende Geschichtlichkeit des Menschen und der Natur nicht kennen. Ihr Streben nach Gemeinwohlverwirklichung und Kompensation der Mängelexistenz des Menschen zielt eher auf die Strategien der Individual- und Intellektualtechnik, der spirituellen Technik der Entsagung und Entselbstung. (Koslowski, Peter, 2001, 8)
> Dem religiösen Individualismus und individuellen Erlösungsstreben entsprechen individuelle Techniken und Strategien der Überwindung der Lebensnot, welche die Realtechnik der Beherrschung der äußeren Natur zurücktreten lassen. (Koslowski, Peter, 2001,9)

Asghar Ali Engineer, als ein Vertreter des islamischen Glaubens, betont die Unabhängigkeit der übrigen Natur vom Menschen, jedoch die gleichzeitige Abhängigkeit des Menschen von der übrigen Natur und von Gott:

---

47 Koslowski, P. (Hrsg.), *Natur und Technik in den Weltreligionen*, Wilhelm Fink Verlag, München, 2001.
48 Ebenda, 1.

Der Mensch ist ein integraler Bestandteil der Natur. Die Natur kann unabhängig vom Menschen existieren, Menschen aber können nicht unabhängig von der Natur leben. Seine eigentliche Aufrechterhaltung verdankt der Mensch der Natur. Es ist die Natur, die den Menschen erhält. (Engineer, in: Koslowski, 2001, 54)

Und über die Fähigkeiten der Menschen im Verhältnis zu göttlichen Fähigkeiten meint er:

> Klonen ist nicht Schaffen aus nichts – denn dazu ist nur Gott in der Lage -, sondern Schaffen aus etwas, und damit aus etwas, das wiederum von Gott geschaffen wurde. Der Mensch benutzt Material und Intelligenz, die von Gott gegeben sind. Was immer der menschliche Geist schafft, zeigt nur die Kreativität Gottes. (Engineer, in: Koslowski, 2001, 72)

Fischer, die sich beim Fischfang bei Gott und den Fischen entschuldigen, oder etwa die Traditionen des Tischgebetes lassen erkennen, dass die außermenschliche Natur, von der die Menschen leben (und die sie nützen), in vielen Religionen als etwas Geliehenes betrachtet wird, das nur gemeinschaftlich genützt werden darf und niemandem gehört.
Eine Lebensweise, die ein strenges Verbot der Tötung von Lebewesen beinhaltet – wie dies im Jainismus[49] gefordert wird -, oder vegetarische Ernährung, wie sie Formen des Buddhismus vorsehen, sind Zeichen dafür, dass nicht nur der Mensch als Lebewesen geachtet wird und nicht nur sein Leben von Bedeutung ist.

Religiöse Gebräuche richten sich oft nach örtlichen (geographisch – klimatischen) Gegebenheiten und nachhaltigen Techniken. Sie entstanden aus einem Bewusstsein einer direkten (abhängigen) Verbundenheit mit der übrigen Natur und den noch nicht vorhandenen „Realtechniken", die wir heute kennen. So wird in dem Buch „Am Anfang war die Ökologie"[50] anhand von Bibelstellen und jüdischen Speiseregeln beschrieben, wie die Menschen damals ökologische Auswirkungen ihres Handelns abschätzen konnten und gewisse Regeln und Vorschriften in diesem Sinne schufen. Die Menschen hatten einen direkten Bezug zu diesen Regeln, solange sie in bäuerlich-nomadischen Strukturen lebten. Die Abwendung von einer vorwiegend bäuerlich-ländlichen Lebensform hatte auch die Folge, dass bestimmte religiöse Regeln und Vorschriften dogmatisch befolgt wurden, der direkte Bezug zu deren Begründungen ging damit jedoch verloren, ihr Sinn ging z. T. abhanden und wurde oft weder mitvermittelt noch erneuert.

---

49 Indische Religion, welche auf einer streng asketischen Erlösungslehre beruht.
50 Hüttermann A.P. und A.H., *Am Anfang war die Ökologie – Naturverständnis im Alten Testament*, Herder, Freiburg im Breisgau, 2004.

Indianische Weisheiten reflektieren sehr häufig das Verhältnis zwischen Menschen und außermenschlicher Natur, wobei den natürlichen Phänomenen göttliche Mächte zugeschrieben wurden. Jürg Helbling weist in seinem Essay „Einfluss religiöser Vorstellungen, Normen und Rituale auf die Ressourcennutzung in einfachen Gesellschaften am Beispiel der Cree und der Maring"[51] darauf hin, dass Normen und Riten oft in direkt ökologischem Zusammenhang stehen, v.a. symbolische Bedeutung haben und im Zusammentreffen verschiedener Lebenssituationen – für die es keine vorgegebenen praktisch anwend-baren Regeln gibt – jedoch oft nicht mehr greifen.

> Rituale, Normen und Tabus, die jeweils mit einer bestimmten Weltanschauung zusammenhängen, dramatisieren deren Inhalte und machen sie symbolisch kommunizierbar und manipulierbar; sie bestimmen das symbolische Verhalten der Menschen in ihrer sozialen und natürlichen Umwelt. Unmittelbar handlungsrelevant sind hier die Normen, die sich als sanktionierte Handlungsanweisungen definieren lassen.[52]

Er kommt zu dem Schluss, dass der religiöse Einfluss nur *eine* Motivationsgruppe von mehreren ist und daher auch von anderen Prä-ferenzen überlagert werden kann.

Jedoch wird die Tatsache, Religiosität zu besitzen, auch als Basis einer Höherstellung und eines darauf ausgerichteten Herrschaftsverhältnisses betrachtet. Aus dem Gesagten wird deutlich, dass auch religiöse Überlieferungen verschiedenen Interpretationen (Dogmen oder Anpas-sungen) unterliegen, die auch Einfluss darauf nehmen, wie dabei *Natur gedeutet* wird.

Hannes D. Galter weist auf die oft doppelte Bedeutung von Naturphänomenen der mesopotamischen Natursicht hin:

> Jedes Naturphänomen hatte aber neben einer personalen auch eine dingliche Komponente. Das Brunnen- und Quellwasser, das der Mesopotamier täglich trank, war für ihn Labung und Notwendigkeit, ohne daß er eines mythologischen

---

51 Helbling,J. in: Sieferle, Rolf Peter, Breuninger,Helga, (Hrsg.), *Natur-Bilder. Wahrnehmungen von Natur und Umwelt in der Geschichte*, Campus, Frankfurt/Main, 1999, 19 – 41. „Die Mistassini-Cree sind subarktische Jäger auf der St. Lorenz-Halbinsel (Kanada)" (23). „Die Maring sind Schwendbauern im Hochland von Papua-Neuguinea" (30).
52 Ebenda, 21.

Hintergrundes bedurfte. Dasselbe Wasser stellte aber unter dem Gesichtspunkt seiner unterschiedlichen Kräfte eine Manifestation des Gottes Enki/Ea dar.[53]

In diesem Hinweis Galters wird deutlich, dass die Natur in verschiedenen Schichten betrachtet werden kann und bei verschiedenen Handlungen unterschiedliche Naturzugänge möglich sind. Diese verschiedenen Naturzugänge finden sich auch heute in den Menschen: Die Natur wird nicht immer in gleicher Sicht betrachtet und wahrgenommen und genauso unterscheidet sich das Verhalten. Hier wird deutlich, dass Natur nicht als Eines gesehen wird (im Lichte *eines* Naturverständnisses), sondern differenziert, je nachdem, um welchen *Teil der Natur* es sich handelt, in welcher *Lebenssituation* die Auseinandersetzung erfolgt und nach welchen *eingeübten Verhaltensmustern* vorgegangen wird. Dies wiederum stellt eine große Herausforderung für den Versuch einer „Regulation der Naturverhältnisse" (Görg, Christoph, 2003) dar.

2.3.2 Kultur und Natur
Ruth und Willi Oelmüller fassen die "Deutungen des Menschen" wie folgt zusammen[54]:

> Die seit der sog. Achsenzeit (ca. 500 v. Chr.), zuerst vor allem in Griechenland und im Vorderen Orient von Juden formulierten Antworten auf die Erfahrungen der Größe und des Elends des Menschen dachten den Menschen in drei unterschiedlichen letzten Horizonten:
> [...]
> 1. im Horizont des einen Gottes, den man als die eine alles umfassende und bestimmende letzte Wirklichkeit zu denken und zu benennen versuchte.
> 2. im Horizont der vorgegebenen unwandelbaren außermenschlichen und menschlichen Natur, die man als letzte Instanz des Lebens, des Denkens, des Handelns und Hoffens verstand,
> 3. im Horizont der Kultur, die man als Inbegriff aller von Menschen geschaffenen sprachlichen und technischen Errungenschaften sowie aller sozialen, rechtlichen, politischen, sittlichen und religiösen Institutionen verstand. (Oelmüller, 1996, 18-20)

Diese Aufteilung versteht Menschen als dreidimensionale Wesen, d.h. sie werden aus drei verschiedenen Blickwinkeln (Religion, Natur, Kultur) betrachtet.

---

53 Galter, Hannes D., „Enkis Haus und Sanheribs Garten. Mesopotamische Natursicht im Wandel", in: Sieferle, Rolf Peter, u.a. (Hrsg.), *Natur-Bilder*, Campus, Frankfurt am Main, 1999, S 43.
54 Dölle-Oelmüller Ruth, Oelmüller Willi, *Grundkurs philosophische Anthropologie*, Fink, München, 1996.

Die *Natur* der Menschen kann aber auch darin gesehen werden, *Kultur* hervorzubringen. Diese Kultur besteht dann vor allem darin, sich mit *Natur* auseinanderzusetzen.

> Kultur [ist] nicht das Ergebnis des menschlichen Naturverhältnisses, sie ist das menschliche Naturverhältnis.[55]

Michael Meyer-Abich sieht im Wesen des *schöpferischen Prozes-ses Kultur*, welcher „nicht ohne Zerstörungen abgeht [...], die Suche nach dem wieder zu findenden Frieden mit der Natur". Dieser Prozess vergegenwärtige lebendig „diesen Frieden als eine Gegenwart der Zukunft [...], wo immer Kultur gelingt."[56]

Gudula Linck weist auf zwei unterschiedliche Bewertungen von Natur und Kultur im vormodernen China hin. So fordert ein daoistischer Klassiker aus dem 5./4. vorchristlichen Jahrhundert (das Buch *Zhuangzi*) dazu auf, die Natur in ihrem So-sein zu belassen:

> Der Flussgott (*wörtl.*: Onkel He) fragte: ‚Was bedeutet Natur (*tian*) und was bedeutet der Mensch (*ren*)?' Ruo, das Nordmeer, gab zur Antwort: ‚Daß Rinder und Pferde vier Beine haben, heißt Natur. Den Kopf des Pferdes unter das Zaumzeug zu zwingen und die Nase des Rindes [für den Ring] zu durchbohren, das heißt der Mensch. Deshalb sage ich [*Zhuang Zhou*]: Zerstöre die Natur nicht durch menschliches [Zutun]! Mache die natürliche Bestimmung nicht durch Zwecke zunichte. (Linck, Gudula, 1999, 89)

Zur gleichen Zeit lobte *Zhuang Zhou* die kulturellen Leistungen der Menschen, welche er als eine Verbesserung der Natur betrachtete:

> Was *tian* (Himmel/Natur) bewirkt, endet beim Seidenkokon, bei der *Hanfpflanze* und beim Getreidehalm. Aber aus Hanf Stoff zu fertigen, aus einem Kokon Seide, aus Reiskörnern ein Mahl und aus der angeborenen [schlechten menschlichen] Natur das Gute, dies alles sind Fortschritte, die *die* Weisen in Weiterführung des Wirkens der Natur erreicht haben. Es ist nichts, was die angeborene Natur von sich aus erreichen könnte. (Linck, Gudula, 1999, 90)

Während das eine Naturverständnis von der Natur als einem optimalen Zustand (als einem Zustand im Gleichgewicht) ausgeht, dem der Mensch durch kulturellen Einfluss nur Schaden zufügen kann, sieht das andere die Natur als einen schlechten (unfertigen) Zustand, welcher durch die Menschen zur Vollendung gebracht werden soll.

---

55 Kuckhermann, Ralf, „Die Konstituierung von Natur und Kultur in der Tätigkeit", in: Seel, Hans-Jürgen, u.a. (Hrsg.), *Mensch-Natur. Zur Psychologie einer problematischen Beziehung*, Westdeutscher Verlag, Opladen, 1993, 46.
56 Meyer-Abich, Michael, *Praktische Naturphilosophie*, C.H. Beck, München, 1997, 371.

Rolf Peter Sieferle spricht in dem Buch „Natur-Bilder"[57] in seiner Einleitung die Gegensätze an, inwieweit Natur als Begriff universalistisch oder konstruktivistisch zu verstehen ist:

> Es kann sich weder um ein einfaches Abbild noch um ein beliebiges freies und autonomes Konstrukt handeln, sondern jedes Naturbild steht letztlich unter dem Druck, daß sich an ihm orientierendes Handeln und Verhalten letztlich gegenüber einer realen Außenwelt bewähren muß. Dennoch sind die Spielräume dazu offenbar sehr groß, und der Blick auf unterschiedliche kulturelle Traditionen lehrt, daß es keine zwingende eindeutige Beziehung von Natur-Modellen und natürlichen Wirkungszusammenhängen geben muß. (Sieferle, 1999, 11) [58]

Hans Jürgen Seel stützt die kulturelle Ausprägung des Naturbegriffs:

> Was und wie Natur sei und wozu sie im Gegensatz stehe, wie also letztlich der Naturbegriff material zu umschreiben sei, ist immer eine letztendlich historisch zu klärende Frage. „Natur" ist stets gleichermaßen Grundlage wie auch Ergebnis kulturellen Selbstverständnisses und praktischer gesellschaftlicher Handlungsorganisation und somit kulturabhängig und spiegelt mehr oder weniger gebrochen gesellschaftliche Praxis wider." (Seel, Hans Jürgen, 1993, 18)

Es lässt sich eine Unterscheidung treffen zwischen symbolischen Naturbegriffen, welche durch religiöse oder kulturelle Bilder geprägt werden können, und den Einflüssen von konkreten Handlungsanwei-sungen und rituellen Bräuchen, die auf bestimmte alltägliche Situationen des Naturzuganges wirken.
Wollen wir betrachten, welche kulturellen Einflüsse auf den Naturzugang wirken, ist dabei auch unser Kulturverständnis von Bedeutung. Die nachfolgende Aufstellung soll grob in vier Formen darstellen, wie Kultur verstanden werden kann:

a. Was in den verschiedenen Kulturen unter Natur verstanden wird und wie mit Natur umgegangen wird, hat nichts miteinander zu tun. Daher ist auch kein Austausch darüber möglich:
In den verschiedenen Regionen der Welt existieren – von der natürlichen Umgebung abhängig - verschiedene Naturbegriffe. So mag es in einer Region, welche von Regenwäldern geprägt ist, eine Vielzahl von Worten geben, welche die Farbe Grün ausdrücken, jedoch kein Wort für Schnee, während in polaren, eisigen Regionen, zahlreiche Ausdrücke für Eis und

---

57 R.P.Sieferle, H. Breuninger (Hrsg.), *Natur-Bilder. Wahrnehmungen von Natur und Umwelt in der Geschichte*, Campus, Frankfurt, New York, 1999.
58 Mit Sieferle ist aber auch nochmals auf die interdisziplinäre Notwendigkeit einer Auseinandersetzung mit dem Naturbegriff hinzuweisen. Aus diesem Grund verwende ich hier Texte aus verschiedenen wissenschaftlichen Disziplinen.

Schnee vorkommen können. Die Ausprägungen der *Landschaft* haben auch Einfluss darauf, wie Natur erlebt wird. Genauso wird eine Kultur, die vorwiegend von der Jagd oder vom Fischfang lebt, andere Handlungsanweisungen hervorbringen als Kulturen, welche z. B. in erster Linie Ackerbau betreiben. Trotz dieser regionalen Unterschiede gibt es jedoch, sowohl was die Art der Umgebung als auch die Ausprägung des Nahrungserwerbes ausmachen (die ja häufig in engem Verhältnis zueinander stehen), viele Regionen, die sich in der einen oder anderen Art und Weise gleichen bzw. ähneln; d.h. es existieren Überschneidungen. Da sich in der Vergangenheit gezeigt hat, dass ein interkultureller Austausch über Natur möglich ist und als Folge interkulturelle Zusammenschlüsse und Forderungen (z. B. in der Gründung von internationalen NGOs oder die Organisation internationaler „Umweltkonferenzen") in Bezug *auf eine gemeinsame Natur* entstanden sind, kann angenommen werden, dass insgesamt gesehen keine kulturellen Inseln – was den Naturzugang betrifft – bestehen.

b. Es gibt einen gemeinsamen Nenner im Bereich Natur, der in den verschiedenen Kulturen gleich ist, d.h. es gibt Gemeinsames, das in allen Kulturen mit einem zusammenfassenden Naturbegriff bezeich-net werden kann, und Abweichungen, die sich von Kultur zu Kultur unterscheiden.
Wird verglichen, was sich als Mainstream der jeweiligen Kultur nach außen hin darstellt, so lassen sich größere Differenzen zwischen den einzelnen kulturellen Ausprägungen ausmachen – da häufig nach außen hin auf eine Abgrenzung wertgelegt wird. Aber inwieweit lassen sich Kulturen als Einheiten betrachten, z. B. was den Umgang mit Natur be-trifft? Kulturen als abgeschlossene Gebilde zu sehen, missachtet die Vielfalt innerhalb einer Kultur, die sich unterschiedlich stark ausprägen kann, u.a. je nach dem, wie sie ein politisches System zulässt.

c. Der Naturbegriff wird in den verschiedenen Kulturen (die nicht Einheiten sind, sondern aus einer vielfältigen Gemeinschaft beste-hen) aus verschiedenen Blickwinkeln betrachtet und beleuchtet, aber es ist eine gemeinsame Natur, die sich hinter den kulturspezifischen Anschauungen verbirgt.
Hier wird eine einheitliche Kultursicht verlassen und der individuelle Weg – welcher im Einflussbereich unterschiedlicher Gemeinschaften steht – in den Vordergrund gestellt. Alle, die sich in der Gemeinschaft befinden, haben eine individuelle Weise, Natur zu betrachten und auf sie zuzugehen.

Diese Haltung ist vergleichbar mit jener des Sufismus zu Gott.[59] Es ist der persönliche Zugang entscheidend, in dem jede und jeder seinen eigenen Weg findet, eingebettet in einen breiten Rahmen von Ein-flüssen. Durch das Symbol des Weges wird auch eine statische Sicht vermieden und ein aktiver, dynamischer Aspekt hervorgehoben. Auch wenn sich jeder Weg (Zugang) vom anderen unterscheidet, so liegen sie doch nahe beieinander. Aus dieser Sicht erscheint ein Polylog[60] über Natur sinnvoll und fruchtbar.

d. *Es gibt eine "umfassende", "zivilisierte" Kultur, die über den Auffassungen der anderen Kulturen im Bezug auf Natur steht, d.h. die verschiedenen Naturbilder ihrer Vorfahren (Mythos)[61] werden als überholt angesehen und mit den Auffassungen anderer Kulturen gleichgesetzt, welche bereits überwunden sind.*

Diese Sicht war v.a. als eurozentrische *Kultur(Natur)*sicht zu finden und mag auch noch in manchen *westlichen Köpfen* vorhanden sein. Sie manifestierte sich in kolonialer, beherrschender *Höherstellung des Eige-nen* und zeigt sich nach wie vor, ist aber kritisch zu beurteilen und stellt eine einseitige Auffassung dar, die Achtung und Anerkennung anderer Sichten (auch innerhalb der eigenen *Kultur*) vermissen lässt, sich in Form von Macht- und Einheitsstreben durchzusetzen versucht und deren Auswirkungen in vielen Bereichen sichtbar werden.

Die Begriffe *Kultur* und *Natur* lassen sich jedoch nicht nur statisch betrachten[62], d.h. Auffassungen und Verhältnisse als auch Zugänge haben ihre spezifischen und zeitabhängigen Aspekte, die sich nur schwer kategorisieren lassen. Dadurch jedoch lassen sie Veränderungen zu und bleiben in bestimmten Grenzen variabel. In der Gegenüberstellung von statischen und dynamischen Elementen von Kultur zieht Franz Martin Wimmer das auf Aktivität und Veränderung hinweisende Verb *kultivieren* im Vergleich

---

59 Mit Dank an Ashraf Sheikhalaslamzadeh für diesen Vergleich, siehe ihre Vorlesung: *Ort der interkulturellen Philosophie: Die Berührungsstellen der interkulturellen Philosophie und des Sufismus* an der Universität Wien, Wintersemester 2003/2004.
60 vgl. Wimmer, Franz Martin, *Interkulturelle Philosophie*, Facultas, 2004, 66f.
61 Panikkar,R., *Religion, Philosophie und Kultur* in: Polylog (1998) 1, 20: Panikkars Auffassung einer Kultur als „Mythos": Ändern sich Selbstverständlichkeiten, Traditionen und Auffassungen, so werden die davor bestehenden in der eigenen „Kultur" als „Mythos" angesehen.
62 In der Tendenz verschiedener Kulturen, andere Werte gelten zu lassen bzw. bei Gelegenheit (Kontakt mit anderen Kulturen) aufzunehmen oder sie zu bekämpfen, unterscheidet Paul Feyerabend in seinem Band „Erkenntnis für freie Menschen" (suhrkamp, Frankfurt am Main, 1980, 136ff) *opportunistische oder eklektische Traditionen* und *dogmatische Traditionen*.

im Vergleich zu seinem Partizip *kultiviert* heran[63]. *Kultiviert* trägt in sich den Moment von etwas Fertigem, Bleibendem, etwas, das sein Ziel bereits erreicht hat – die Kultiviertheit, kann aber auch aufgefasst werden als etwas, das in der Veränderung Halt gibt, das eine Aufgreifung und Bezeichnung zulässt. Das bewegende Element des *Kultivierens* kann linear (Fortschritt) oder zirkulär, in der Form einer ständigen *Wieder-holung*, welche Sicherheiten und Standhaftigkeit verleiht, aber aus welcher Erkenntnis zu *Neuem* entstehen kann (Spirale), aufgefasst werden.

Im Rahmen des Umweltdiskurses melden sich VertreterInnen verschiedener Kulturen und Religionen zu Wort, um die besondere ökologische Eignung ihrer Tradition hervor zu streichen. Tatsächlich lassen sich in der gegenwärtigen Situation jedoch sowohl dafür als auch aufgrund der Vielfalt verschiedener kultureller und religiöser Interpretationen gegenteilige Nachweise finden. In einem gemeinsamen Prozess gilt es, den Beitrag der verschiedenen Hintergründe zu einem ökologischen Polylog herauszufinden und fruchtbar zu machen. Die Interkulturellen Gärten bieten dafür einen geeigneten Raum, im alltäglichen Tätigsein diesen Polylog zu führen.

2.3.3 Natur-Wissenschaft-Politik

Im wissenschaftlichen Bereich westlicher Prägung etablierte sich die Abhebung der Menschen von der Natur in der Trennung von Naturwissenschaften und Human- bzw. Sozialwissenschaften. Die *Chicago-Schule 1920* versuchte mit der Etablierung des Wissenschaftszweiges der Humanökologie[64] eine Überwindung dieser Trennung. In der Folge entwickelten sich Richtungen wie Kulturökologie, Umweltsoziologie und Politische Ökologie, die eine Annäherung der verschiedenen Wissenschaftszweige in interdisziplinärer Weise anstreben und von ihren Kenntnissen profitieren. Aus dieser Zusammenarbeit ist eine Reihe von Publikationen entstanden, die v.a. auf die aktiven Lebensbedingungen der Menschen in ihrem natürlichen Umfeld eingehen.

Besonders das 20. Jahrhundert war geprägt von einem Richtungsstreit: vor allem in den 70er und 80er Jahren entstand mit der *ökologischen Krise*

---

63 Wimmer, Franz Martin, „Thesen, Bedingungen und Aufgaben interkulturell orientierter Philosophie", *Polylog*, 1, 1998, 9.

64 Definition der Deutschen Gesellschaft für Humanökologie: „Die Humanökologie ist eine neuartige wissenschaftliche Disziplin deren Forschungsgegenstand die Wirkungszusammenhänge und Interaktionen zwischen Gesellschaft, Mensch und Umwelt sind. Ihr Kern ist eine ganzheitliche Betrachtungsweise, die physische kulturelle wirtschaftliche und politische Aspekte einbezieht. Der Begriff Humanökologie stammt ursprünglich von den soziologischen Arbeiten der Chicago-Schule um 1920 und verbreitet sich seitdem als Forschungsperspektive in den Natur-, Sozial- und Planungswissenschaften sowie in der Medizin. In einigen Ländern wurden universitäre Lehrstühle eingerichtet." (http://www.dg-humanoekologie.de, 18.08.05)

die Forderung, die *Gesellschaft* solle sich der *Natur* anpassen, während als Antwort darauf wieder Stimmen laut wurden, die eine Naturbeherrschung mit dem Vorrang der Gesellschaft beanspruchten. Beiden Seiten ging es um eine *Vereinnahmung* (vgl. Görg, C., 2003) und Unterordnung und beide Seiten hatten eine bestimmte Ordnung vor Augen.

Die Stoiker nehmen sich die Natur zum Vorbild:

> Indes halte ich mich, worin alle Stoiker einig sind, an die Natur; von ihr nicht abweichen, nach ihrem Gesetz und Beispiel sich bilden, das ist Weisheit. Glücklich ist daher ein Leben, wenn es seiner Natur entspricht. Das kann aber nur erreicht werden, wenn der Geist fürs erste gesund ist und beständig gesund bleibt; sodann wenn er stark und tatkräftig ist, edel und geduldig, in die Zeit sich schickend, auf den Körper und dessen Bedürfnisse sorgsam, aber ohne Ängstlichkeit Bedacht nehmend, aufmerksam auf alles andere, was zum Leben gehört, ohne zu großen Wert auf irgendein einzelnes zu legen, die Gaben des Glücks benutzend, aber ohne ihr Sklave zu sein.[65]

Die Tradition, die Natur als Vorbild zu sehen, aus ihr zu lesen und sich an ihr zu orientieren, finden wir später häufig wieder. Welche Natur ist gemeint? In dem Zitat Senecas erscheint die Natur als Wesen von etwas, d.h. seinem Wesen entsprechend, sich an seinem eigenen Wesen („seiner Natur") orientierend. Platon empfiehlt, sich am Kosmos (als Lebewesen mit Weltseele und Abbild der seienden Ideen) zu orientieren (vgl. Timaios), an anderer Stelle plädiert er dafür, *das Seine* zu tun (vgl. Staat), womit ebenfalls ein Hinweis auf das eigene Wesen gegeben wird.
Paracelsus und Jakob Böhme verweisen auf die Natursprachenlehre.
Eine frühe chinesische Tradition orientierte sich am Himmel (tian), mit welchem die menschliche Welt im Gleichgewicht stehen soll. Der Himmel ist Maß einer stabilen Ordnung. Eine Einpassung in diese Ordnung ist nur möglich, wenn die Wege des Himmels genau verfolgt werden und damit auch in gewisser Weise vorhersagbar sind. Das bei uns bekannt gewordene chinesische Gebot des „Nicht-Handelns" bedeutet nicht die Einstellung aller Tätigkeiten, sondern fordert, sein Tun innerhalb der den Menschen vorgegebenen Grenzen zu halten und sich nicht zu weit *hinauszulehnen*, um das Gleichgewicht zwischen Himmel und Erde nicht zu stören.
Eine *Orientierung an der Natur* kann auf der einen Seite bedeuten, sich in *die Natur* einzupassen und sie nachzuahmen oder aber auf der anderen Seite, sich an einem bestimmten Bild von Natur (z. B. einer Ordnung) zu orientieren, das wir uns von ihr machen und das wir für eine Gesellschaft anstreben.

---

65 Seneca, *Vom glückseligen Leben und andere Schriften*, Reclam, Stuttgart, (1953) 1984,67.

Die Überlegungen zur *Ontonomie* Raimon Panikkars – auf die Koslowski hinweist – verweisen auf eine Neuinterpretation von Platons Auffassungen im Staat, wo Ordnung und Tugend nur aufrecht erhalten werden können, wenn jeder *das Seine* tut, d.h. sich seiner Natur entsprechend verhält. Panikkar betont dabei v.a. den Aspekt der Gemeinsamkeit und Gegenseitigkeit, weg von einer Hierarchie, hin zu einer Harmonie:

> Ontonomie bedeutet das Gesetz des Seins und besagt, daß jedem Aspekt des Seins eine ihm spezifische Dynamik (sprich Gesetz) zukommt und zwar so, daß diese Dynamik mit der Dynamik der übrigen Seinsaspekte richtig harmoniert.
> [...]
> Maßgebend ist eben die Ontonomie, d.h. die Harmonie der vielfältigen, aber spezifisch verschieden beschaffenen „Stimmen" der Geschaffenen. Von dort aus müssen die Denkkategorien kritisch geprüft werden. Denn der Mensch ist weder Mittelpunkt noch Krone der Schöpfung, sondern nur ihr Verwalter und Hüter. (Koslowski, Peter, 2001, 42)

Die *Harmonie* der Vielfalt ist es, die hier gefordert wird und die Suche nach der eigenen Dynamik und Gesetzlichkeit. Aber wie lässt sich diese Struktur erkennen? Indem wir Modelle kreieren (Konstrukte), die unseren Idealen entsprechen? Oder indem wir uns als Mitbewohner eines Wohnortes sehen, welche andere, aber auch eigene Ansprüche im gleichen Maß berücksichtigen? Dazu müssten wir aber andere Ansprüche kennen lernen, müssten mit anderen Mitbewohnern und dem Wohnort in Kontakt treten, müssten einen Polylog führen. Daraus erst können immer wieder neue Strategien und Modelle entwickelt werden, die es immer wieder zu reflektieren gilt, um einem höchst komplexen, sich verändernden Phänomen gerecht zu werden.

Auch der Wissenschaftszweig der Bionik[66] - als wissenschaftliche Fortführung der sich an der Natur anlehnenden Technik - kann als Orientierung an der Natur verstanden werden. Hier werden *biologische Lösungen* extrahiert und für *menschlich-technische Probleme* eingesetzt, auf die Einpassung im Sinne einer *Harmonie* wird dabei meist nicht geachtet. Es ist eine gesellschaftliche Ein- und Unterordnung, Ziel ist die Lösung eines

---

66 „In der Bionik werden biologische Strukturen und Organisation entweder direkt als Vorlage verwendet (Analogie-Bionik) oder abstrahiert (losgelöst vom biologischen Vorbild, Abstraktions-Bionik) und als Ideenvorlage oder Inspiration für technische Problemlösungen zu Nutze gemacht. [...] Obwohl es einige historische Beispiele für bionisches Arbeiten gibt, z.B. die Analyse und versuchte Übertragung des Vogelflugs auf Flugmaschinen durch Leonardo da Vinci, hat sich die Bionik erst in den letzten Jahrzehnten v.a. aufgrund neuer und verbesserter Methoden (Rechnerleistung, Produktionsprozesse) zu einer etablierten Wissenschaft entwickelt."
http://de.wikipedia.org/wiki/Bionik, 18.08.05.

einzelnen Problems bzw. eines Problemkomplexes. Harmoniefähig (ontonomiefähig) kann eine Technik also nur sein, wenn sie ihren Blick nachhaltig erweitert und nicht nur an Einzellösungen interessiert ist. Stellen wir zwei Techniken wie *standortgerechte Landnutzung* und *Monokultur* einander gegenüber, so lässt sich wahrscheinlich zeigen, was unter *ontonomischer Technik* gemeint sein könnte:

> Unter wirtschaftlichen Gesichtspunkten zielt standortgerechte Landnutzung in erster Linie auf den Erhalt und die Verbesserung der Eigenversorgung der ländlichen Bevölkerung. Dies geschieht vor allem durch Diversifizierung, das heißt durch eine Vielfalt von angebauten Nutzpflanzen. Die kultivierten Arten unterscheiden sich dabei ganz erheblich. Neben ökologischen und klimatischen Aspekten spielen auch kulturelle und religiöse Aspekte eine wichtige Rolle. Durch den Mischanbau verschiedener Arten kann versucht werden, dem ökologischen Optimum eines Standortes nahezukommen. Der gemeinsame Anbau von Bäumen, Sträuchern und einjährigen Arten auf einem Standort [...] nutzt optimal den Raum (nicht nur die Fläche) eines Standorts und lehnt sich im Aufbau an die ursprüngliche Waldvegetation an. Die Erfahrung zeigt, daß bei diesem System des Mischanbaus verschiedener Nutzpflanzen zwar die Erträge der einzelnen Arten niedriger sind als bei Monokulturen, der Gesamtertrag des Systems aber deutlich höher liegt.[67]

Sowohl Monokultur als auch *standortgerechte Landnutzung* sind Techniken, welche den Menschen Vorteile bringen sollen, indem sie z. B. Nahrungsmittel produzieren. Die standortgerechte Landnutzung versucht durch Diversifizierung eine Integration in ihre Umgebung bei gleichzeitiger Förderung humansozialer Aspekte.[68]

Der chinesische Aufklärer *Xunzi* (um 298-235) fordert, sich nicht nach dem Himmel (der Natur) zu richten. Die Menschen stehen alleine da, können keine Hilfe vom Himmel erwarten und sollen sich auf ihre eigenen Kräfte verlassen.[69] Diese Forderung bedeutete eine scharfe Kritik an traditionellen Auffassungen in China, welche auf eine „Entzauberung" und „E-

---

67 Reining, Ludger, „Standortgerechte Landnutzung", in: Bischöfliches Hilfswerk Misereor (Hrsg.), *Ernährung – ein Recht für alle,* Horlemann, Unkel/Rhein, 1997, 133f. Vandana Shiva (in: von Werlhof u.a. (Hrsg.), 2003) weist in diesem Zusammenhang auf den Unterschied zwischen yield (Ertrag einer Pflanze pro Fläche) und output (Gesamtertrag) hin.
68 Martina Kaller-Dietrich weist im Gegensatz dazu auf Vandana Shivas Begriff der „*monocultures of the mind*" hin: „Kulturelle Vielfalt wird systematisch ausgerottet und sowohl die Möglichkeiten als auch die Fähigkeiten der Menschen, lebendige Alternativen zur industriellen Gesellschaft zu denken, werden massiv eingeschränkt." (Kaller-Dietrich, Martina, 2002, 81)
69 vgl. Schleichert,H., *Klassische Chinesische Philosophie. Eine Einführung.*, Vittorio Klostermann, Frankfurt am Main, 1990, 306-307.

manzipation von Göttern und Geistern"[70] abzielte. Da diese „eigenen Kräfte" jedoch, wie sich gezeigt hat, nicht immer im Dienste des Wohlergehens der menschlichen und nichtmenschlichen Natur stehen, entsteht eine neuerliche Forderung nach Regulation und Orientierung. Eine Anpassung der Natur ausschließlich an die Bedürfnisse der Gesellschaft hat zu einer Unterordnung *natürlicher Ressourcen* unter die aktuellen Ansprüche und Vorstellungen der Menschen geführt, während die langfristig betrachteten Bedürfnisse und Ansprüche großteils unberücksichtigt blieben.

In dem „Briefwechsel" von Heidegger, Sloterdijk und Habermas[71] scheint eines ganz deutlich hervorzugehen: Wir legen fest, was die Menschen sein sollen, auch wenn wir dabei auf bestimmte Grenzen stoßen. Unser Bild vom Menschen – und auch von der übrigen Natur – prägt unsere Anstrengungen, diese zu formen, zu gestalten, zu verändern. Sloterdijk meint jedoch:

> Es gehört zur Signatur der Humanitas, daß Menschen vor Probleme gestellt werden, die für Menschen zu schwer sind, ohne daß sie sich vornehmen könnten, sie ihrer Schwere wegen unangefasst zu lassen. (Sloterdijk, 1999, 47)[72]

Wenn er damit Recht hat, so würde dies bedeuten, dass alle Techniken, die wir erdenken und realisieren können auch realisiert werden müssen und einer „Schönen neuen Welt"[73] nichts im Wege steht. Dies wäre aber auch eine Einschränkung im Glauben an unsere *Freiheit*, indem wir unaufhaltsam einem *Fortschrittsinstinkt* folgen. Hannah Arendt setzt ihren Fokus anders, in dem sie meint, dass es „im Wesen der Wissenschaft liegt, jeden einmal eingeschlagenen Weg bis an sein Ende zu verfolgen" (Arendt, Hannah, 2001, 10). Wir seien aber politische, mit Sprache begabte Wesen, und so ist es möglich, uns über den Sinn unserer Handlungen zu verständigen und diese zu beurteilen.

---

70 Linck, Gudula, 1999, 88.
71 Heidegger,M., *Über den Humanismus*, Klostermann, Frankfurt a. M., 2000 (1949). Sloterdijk,P., *Regeln für den Menschenpark*, Suhrkamp, Frankfurt am Main, 1999. Habermas, J., *Die Zukunft der menschlichen Natur. Auf dem Weg einer liberalen Eugenik?*, Suhrkamp, Frankfurt am Main, 2002 (2001).
72 vgl. „Die menschliche Vernunft hat das besondere Schicksal in einer Gattung ihrer Erkenntnisse: daß sie durch Fragen belästigt wird, die sie nicht abweisen kann, denn sie sind ihr durch die Natur der Vernunft selbst aufgegeben, die sie aber nicht beantworten kann, denn sie übersteigen alles Vermögen der menschlichen Vernunft." (Kant, Immanuel, *Kritik der reinen Vernunft*, Suhrkamp, Frankfurt/Main, 1974,11)
73 Huxley, Aldous, *Schöne neue Welt*, Fischer, Frankfurt, 1989 (1932).

2.3.4 Einflüsse sozialer und individueller Kriterien auf den Naturzugang

Neben religiösen, kulturellen und wissenschaftlichen Aspekten ist der Einfluss der persönlichen Lebensumstände und Erfahrungen, der gesellschaftlichen Stellung, des Eigeninteresses sowie vorhandener bzw. nicht vorhandener Möglichkeiten auf den Naturzugang zu nennen.

Die Bewertung der verschiedenen Einflussbereiche durch die einzelnen Individuen macht ganz wesentlich aus, welche Einflussgrößen stärker in Betracht kommen und welche im Hintergrund bleiben. Im Zusammenhang mit *Kultur* beschreibt das Rainer Tetzlaff folgendermaßen:

> Unter Kultur kann somit ein dicht gewebtes Netz von Bedeutungsstrukturen verstanden werden, das den Einzelnen umfängt und dessen politisches Handeln durch sozialisationsbedingte habituelle Wahrnehmungs- und Denkmuster prägt. Dabei kommt es nicht auf die angebliche „Echtheit" von kulturellen Werten an (die ohnehin niemand endgültig feststellen könnte!), sondern auf die selbstzugeschriebene Bedeutung von kulturellen Weltbildern für das Handeln von Menschen in konkreten Situationen.[74]

Diese *selbstzugeschriebene Bedeutung* hat mit dem persönlichen Selbstverständnis und damit zu tun, als wer ich mich begreife und wer ich sein möchte. Für Michael Meyer-Abich hat gerade diese Selbstsicht und Selbstzuschreibung wesentlichen Einfluss auf unser Handeln. Reflektiert betrachtet im Bezug auf die Situation einer *menschgemachten* ökologischen Krise schreibt er:

> Denn maßgeblich für mein Handeln ist das Selbstverständnis, wer ich im Gang meines Lebens jeweils und letztlich bin. Wir leiden unter unangemessenen Lebensentwürfen, nicht unter einem Mangel an Moralität. (Meyer-Abich, Michael, 1997, 294)

In diesem Selbstverständnis steckt nach Meyer-Abich die Potentialität, welche durch innere und äußere Einflüsse in eine Aktualität umgewandelt wird.

Bernhard Perchinig weist in seinem Artikel „Systeme der Zugehörigkeit" darauf hin, dass Zugehörigkeit „Sicherheit, Zugang zu knappen Gütern, Kommunikation und Vertrauen" gibt und die Menschen ohne dieser Zuge-

---

[74] Tetzlaff, Rainer, „Globalisierung – „Dritte Welt"-Kulturen zwischen Zukunftsängsten und Aufholhoffnungen", in: Tetzlaff, Rainer (Hrsg.), *Weltkulturen unter Globalisierungsdruck. Erfahrungen und Antworten aus den Kontinenten,* Dietz, Bonn, 2000, 37-38.

hörigkeit „nicht überlebensfähig" sind.[75] Diese Zugehörigkeit zu einer bestimmten Gruppe (Ethnie, Kultur, Nation, Dorf, Stammtisch, Gartengemeinschaft,...) bestimmt aber auch ihre Nicht-Zugehörigkeit und damit auch bestimmte Verhaltensmuster, welche als für eine bestimmte Gruppe als typisch verstanden werden und womit sie sich abzugrenzen versucht. Normen und Werte dienen im Nachhinein häufig als Legitimation, wirken aber nicht immer handlungsleitend[76]. Dies betont Jürg Helbling in seinen Studien über Cree und Maring (siehe Kapitel *Natur im Blickwinkel von Religionen*). Dies gilt selbstverständlich auch für *westliche Kulturen*, welche z.B. trotz Erkennens einer *ökologischen Krise* kaum in der Lage sind, schnell zu reagieren und nur sehr langsam weiter reichende Änderungen in ihrem Umgang mit Natur durchführen können.

In Kolonialisierungssituationen z. B. hatten die Menschen oft nicht die Möglichkeit, ihre kulturellen Aktionsmuster im Umgang mit außermenschlicher Natur zu realisieren. Es wurden ihnen neue Aktionsmuster vorgelegt verbunden mit ökonomischem und sozialem Druck. Oft reichten ihre vorhandenen Bewältigungsstrategien nicht zur Bewältigung der Drucksituationen aus. Diese Situationen haben sich v.a. auch im Zuge von Globalisierungsprozessen durch marktwirtschaftliche Interventionen ergeben und führten bzw. führen häufig sowohl zur Schädigung außermenschlicher Natur als auch – direkt oder zumindest als weitere Folge – zur Schädigung von Menschen. Gleichzeitig hat sich vielfach gezeigt, dass ein *hohes Wohlstandsniveau* nicht automatisch mit einem nachhaltigen Naturumgang gekoppelt ist, sondern eher auf der Verschwendung von Ressourcen aufbaut, nämlich dort, wo *Wohlstand* mit Güterversorgung gleichgesetzt wird. Trotzdem ist das soziale Umfeld bzw. die Lebens-situation nicht unbedeutend für den Naturzugang.

---

75 Bernhard Perchinig, „Systeme der Zugehörigkeit" in: Forum Politische Bildung (Hrsg.), *Dazugehören?: Fremdenfeindlichkeit, Migration, Integration*, Studienverlag, Innsbruck, Wien, 2001, 6.

76 „Normen und Werte können auch deshalb das Verhalten von Akteuren nicht bestimmen, weil sie situative Interpretationen dergestalt ermöglichen, dass sich Akteure mit konfligierenden Interessen und gegensätzlichen Handlungszielen legitimatorisch auf ein und dieselben Werte und Normen beziehen können. Deshalb können Werte und Normen auch nicht aus tatsächlichem Verhalten deduziert werden. Wenn Akteure ihre Umwelt schonen, spricht das also nicht zwingenderweise für die Existenz oder Wirksamkeit entsprechender Werte und Normen, sondern für ein bestimmtes interesse-geleitetes Handeln, das langfristig und nichtintentional nachhaltig ist, bzw. für Rahmen-bedingungen wie tiefe Bevölkerungsdichte und technologische Effinzienz, die Umwelt-schäden unwahrscheinlich machen (Pedersen 1995, 265). Weder lässt sich also von einem bestimmten Umweltverhalten auf entsprechende Werte und Normen schliessen, noch bestimmen diese das tatsächliche Verhalten der Akteure (Bruun/Kalland 1995, 16)." (Helbling, Jürg, 1999, 22-23)

Die verschiedenen Einflussbereiche auf den *Naturzugang* zeigen, dass es nicht ausreicht, Kulturen, Religionen oder Nationen mit den jeweils verschiedenen Naturzugängen gleichzusetzen. Auch wenn sich Symbolik, kulturelle bzw. religiöse Interpretation und Tradition im Detail unterscheiden, so ist die individuelle Integration von traditionellen Mustern und ihre Interpretationen in die eigene Lebensgeschichte unterschiedlich, ist von dem Zugehörigkeitsgefühl zu verschiedenen Gruppen abhängig, und es scheinen häufig unter sozial-ökonomischem Druck sehr schnell reale Veränderungen im *Naturzugang* auf. Andererseits finden sich unter ähnlichen Bedingungen in verschiedenen Teilen der Welt Parallelen.
Soziale und ökologische Probleme hängen also sehr oft eng zusammen. Gemeinsame Lösungsversuche scheinen daher viel mehr zu versprechen, wie auch Christoph Görg im Zusammenhang mit Reaktionsweisen auf *die ökologische Krise* darlegt:

> Wenn die Erfahrung der Krise gesellschaftlicher Naturverhältnisse insofern verbunden war mit einer breiteren Verknüpfung sehr heterogener Problemfelder, dann verweist dies darauf, dass eine Regulation der Naturverhältnisse über eine isolierte Umweltpolitik die Gesamtheit der institutionellen Formen der Stabilisierung sozialer Verhältnisse tangiert – von den Klassenauseinander-setzungen, ihren Institutionalisierungsformen und deren Folgen (Wohl-standsniveau) über kulturell verankerte und wissenschaftliche Deutungsmuster bis hin zu ökonomischen und politischen Regulierungsformen. Es wäre also völlig unzureichend, die ökologische Krise nur an ihren materiellen Phänomenen festmachen zu wollen.
> (Görg, Christoph, 2003, 136)

Die Komplexität und Vielfalt der Naturauffassungen und –zugänge bedingen also die Ausarbeitung von verschiedenen Strategien, bei welchen unterschiedliche Lebenssituationen Berücksichtigung finden müssen, d.h. die Ausarbeitung von Regulierungsformen *von unten*, welche auch auf standortbezogene Strategien zurückgreifen, die sich in der Vergangenheit bewährt haben.

3 Das Gute Leben

> „Nein, unsere Beete hier sind nicht so wichtig für das Essen – aber für das Glücklichsein" [77], sagt die vietnamesische Gärtnerin.

Wie Ursula Wolf in ihrem Buch "Die Suche nach dem guten Leben" schreibt, kann die Frage, was ein *Gutes Leben* ist, als Motivation der gesamten Philosophiegeschichte bzw. als ihre Leitfrage angesehen wer-den. Ihren Ausführungen folgend – welche sich an den Frühdialogen Platons orientieren – besteht „die Eigentümlichkeit des Strebens nach dem guten Leben" eben darin, „daß wir das Ziel nicht kennen."[78] Damit wird der Weg (elenchos) zum Ziel und das gute Leben folgt der „regu-lativen Idee"[79] der Glückseligkeit (eudaimonia).

Aus den Ausführungen von Ursula Wolf in Rückgriff auf Platon erscheinen noch zwei Aspekte im vorliegenden Zusammenhang von großer Bedeutung:

> Je mehr man wissend lebt und handelt desto mehr hat man die Dinge selbst in der Hand und ist dadurch von wechselnden Zufällen unabhängig. Was man am ehesten in der Hand hat, schien dann die Beschaffenheit der eigenen Person, also die eigene arete, zu sein.[80]
> Wenn wir als Menschen mittlere Wesen sind, die dieses Gute nie vollständig haben, dann sind wir sofern wir gleich oder ähnlich sind, ähnlich in diesem Mangel, so daß die Gleichheit durchaus Raum für ein wechselseitiges Brauchen läßt.[81]

Das wissende Handeln weiß um die Zusammenhänge, in welche es eingefügt ist und basiert auf der Voraussetzung der Gegenseitigkeit.

Aus den Überlegungen heraus, was denn die Grundbedingungen für ein Gutes Leben sind und wie Lebensstandard *gemessen* bzw. *beurteilt* werden soll, entstanden verschiedene Anweisungen über einzuhaltende Kriterien bis hin zur Ausarbeitung von Menschenrechten und der kritischen Auseinandersetzung mit ihnen. Vor allem aus letzterer ist zu erkennen, dass der Prozess der kritischen Beurteilung der Voraussetzungen für ein Gutes Leben nicht abgeschlossen ist, und die Aktualität unterschiedlicher Kriterien sich mit der geschichtlichen Entwicklung der verschiedenen Regionen der Welt verändert. Daher ist auch der Blick auf das jeweils Gute

---

77 Ausspruch einer vietnamesischen Gärtnerin aus dem Interkulturellen Garten in München- Neuperlach (ZAK-Jahresbericht, 2004, 57).
78 Wolf, Ursula, Die Suche nach dem Guten Leben. Platons Frühdialoge, Rowohlt, Reinbek, 1996, 25.
79 Ebenda, 47.
80 Ebenda, 142.
81 Ebenda, 141.

Leben immer determiniert von der geschichtlichen Situation, aus welcher heraus - und auch auf welche Region und Gesellschaft - er ge-richtet wird.

In der Folge soll hier der Blick auf parallele Entwicklungen in der Geschichte des Tätigseins verschiedener Regionen der Welt gerichtet werden, um daraus die Bedeutung des *aktiven Naturzuganges* – wie dies hier verkürzt genannt werden soll – herauszuarbeiten. Dies hat gerade in der gegenwärtigen weltweiten Situation (wieder) größte Aktualität erlangt. In den nachfolgenden Kapiteln werden also relevante Aspekte des *Guten Lebens* in Zusammenhang mit dem *aktiven Naturzugang* aufgezeigt und es wird beispielhaft auf seine Bedeutung in verschiedenen Lebenssituationen hingewiesen. Im Zentrum der nachfolgenden Ausführungen stehen jene Aspekte, welche in der *Wiederkehr* der Bedeutung städtischer Gärten zu finden sind. Es ist der Versuch, das Spannungsfeld von Verlust, Mangelerfahrung und Wiedererlangung aufzuzeigen, in welchem diese Bewältigungsgärten stehen.

In Bezug auf das Tätigsein, welches nicht mit der Arbeit als Lohnarbeit gleichzusetzen ist, bedeutet dieses in einem Gemeinschaftsgarten, wie das z.B. die Community gardens in Amerika zeigen, eine Art der Bewältigung von Problemen, welche hier v.a. in Hinblick auf die Situation von Arbeitslosigkeit betrachtet wird. Migration bedeutet in sehr vielen Fällen ein Herausgerissenwerden aus natürlichen und sozialen Zusam-menhängen und ein Freisetzen von Fähigkeiten, welche keine Anwen-dungen mehr finden. Das freigesetzte ideelle Kapital (Erfahrungen, Wissen) bedeutet sowohl in der Situation der Arbeitslosigkeit als auch der Migration nicht nur eine Verschwendung von Fähigkeiten, sondern auch, sozial gesehen, eine große Belastung v.a. für die betroffenen Menschen.

Die An-eignung von Land in der *aus-schließlichen* Form des Eigentums hat dafür gesorgt, dass Land zur Mangelware wurde, und dass Menschen, welche keinen Rechtstitel für Landbesitz haben, zur Migration gezwungen und/oder lohnarbeitslos werden. Ohne Aussicht auf Folgearbeit bestehen kaum Möglichkeiten, sich eigenmächtig aus einer Armutsspirale zu der-hen. Die Wiederentdeckung einer alten Tradition der Allmende, welche sich mancherorts über hunderte und tausende Jahre hindurch erhalten hat, findet sich auch in den Interkulturellen Gärten wieder, wo Land von einer bestimmten Gruppe Menschen in seiner Nutzung geteilt wird.

3.1 Lebensstandard und Verwirklichungschancen

> Es gibt viele sehr unterschiedliche Auffassungen von Lebensqualität, und etliche sind von unmittelbarer Plausibilität. Man kann *gut gestellt* sein, ohne dass es einem *gut geht*. Es kann einem *gut gehen*, ohne dass man in der Lage ist, das Leben zu führen, das man führen *wollte*. Man kann das Leben führen, das man führen *wollte*, ohne *glücklich* zu sein. Man kann *glücklich* sein, ohne viel *Freiheit* zu haben. Man kann viel *Freiheit* haben, ohne viel zu *leisten*. [...] Diversität gehört zum traditionellen Verständnis von Lebensstandard. (Sen, Amartya, 2000, 17)

Nach Amartya Sens Auffassung geht es nicht darum, dieser Diversität aus dem Weg zu gehen, sondern uns eine klare Vorstellung davon zu verschaffen, was sie darstellt. In seinen Vorlesungen (Tanner Lectures) über den „Lebensstandard"[82] und u.a. in seinem Buch „Ökonomie für den Menschen"[83] zeigt er auf, warum die Beurteilung des Lebensstandards an Hand von Fähigkeiten bzw. Verwirklichungschancen geeigneter ist als von Pro-Kopf-Einkommen oder Grundgütern, auch wenn diese in engem Zusammenhang mit den Verwirklichungschancen stehen. Damit kritisiert er konsequentialistische Ansätze wie den Utilitarismus, Theorien wie den radikalen Liberalismus - welcher ausschließlich der persönlichen Freiheit den Vorrang gibt, ohne die Konsequenzen zu berücksichtigen - oder Rawls Gerechtigkeitsansatz der gleichen Grundgüter, sich mit einfach handhabbaren Methoden zu begnügen, welche aber verschiedene Unfreiheiten von Menschen außer Acht lassen. So kann z. B. das relative Einkommen von Afro-AmerikanerInnen in den Vereinigten Staaten sehr viel höher sein als das von Menschen in China oder dem indischen Bundesstaat Kerala, ihre Lebenserwartung jedoch unter denen letzterer liegen. Genauso wenig kann beurteilt werden, ob ein System gerecht ist, wenn alle Mitglieder einen gleich großen Korb von Grundgütern erhalten, da die Ausgangssituation der verschiedenen Menschen sehr unterschied-lich sein kann. So benötigen sehr schwer körperlich arbeitende Menschen oder schwangere Frauen reichhaltigere Nahrung als andere, oder ein schwer kranker Mensch hat andere Ansprüche an Güter, die er für die gleiche oder ähnliche Lebensqualität benötigt wie jemand, der keine schwere Krankheit hat, wenn er sie überhaupt erreichen kann. Daher ist die Vergleichbarkeit von Menschen in unterschiedlichen Situationen nicht ausschließlich über diese Kriterien zu beurteilen. Hier liegt der Vorteil in der Beurteilung mittels Verwirklichungschancen (Fähigkeiten), wie Amartya Sen sie vorschlägt. Darunter sind jene *substantiellen Freiheiten* von

---

82 Sen, Amartya, *Der Lebensstandard,* Rotbuch, Hamburg, 2000 (1987).
83 Sen, Amartya, Ökonomie für den Menschen. Wege zu Gerechtigkeit und Solidarität in der Marktwirtschaft, dtv, München, 2003 (Original: Development as Freedom, 1999).

Menschen gemeint, „genau das Leben führen zu können, das sie schätzen, und zwar mit guten Gründen" (Sen, Amartya, 2003, 29). Sen beruft sich dabei auf eine Form der Freiheit, auf welche Adam Smith in seinem Werk „Der Wohlstand der Nationen" hinwies, als er die Freiheit forderte, „sich ohne Scham in der Öffentlichkeit zu zeigen". Um sich ohne Scham in der Öffentlichkeit zu zeigen, ist in verschiedenen Gesellschaften Unterschiedliches nötig (vom Leinenhemd über feste Schuhe bis dahin, gut genährt zu sein usw.). Die Berücksichtigung der verschiedenen Um-stände macht diesen Ansatz vergleichbar, denn er zeigt auf, dass es unterschiedliche Grundgüter sind oder auch ein unterschiedliches Maß an finanziellen Mitteln, welche notwendig sind, um ein und dieselbe Sache zu tun bzw. ein bestimmtes Ziel zu erreichen. Die von Sen geforderten *substantiellen Freiheiten* sind also Bedingungen, welche uns ermöglichen, aus guten Gründen, dasjenige zu tun oder diejenige Person zu sein. Diese Bedingungen lassen sich aber nicht immer durch ein bestimmtes Einkom-men oder eine bestimmte Menge an Grundgütern realisieren, auch wenn diese in einigen Fällen wesentlich dazu beitragen können, so sind sie aber immer nur Mittel und nicht Zweck. Für das Erreichen der verschiedenen Zwecke sind aber eben in verschiedenen Situationen andere Mittel gefordert. Sen nennt fünf Arten *instrumenteller Freiheiten*:
1. *politische Freiheiten*: z. B. Möglichkeit der Mitentscheidung und Kontrolle, der freien Meinungsäußerung, Wahlfreiheit, 2. *ökonomische Einrichtungen*: wirtschaftliche Zugangsrechte der Bevölkerung zu Konsum, Produktion und Tausch, 3. *soziale Chancen*: z. B. Einrichtungen für Bildung und Gesundheitswesen, 4. *Transparenzgarantien*: Gewährung von Offenheit und Durchsichtigkeit politischer Handlungen, 5. *soziale Sicherheit*: z.B. Soforthilfen bei Hungersnöten oder Arbeitslosenunterstützung (vgl. Sen, Amartya, 2003, 52).
So lässt sich nach Sen der Lebensstandard von Menschen an ihren tatsächlichen Möglichkeiten und Fähigkeiten beurteilen bzw. an den substantiellen Freiheiten, unterschiedliche Leben zu führen und sich für ein selbst gewähltes Leben zu entscheiden. Dieses muss jedoch nach Sen nicht nur in der Maximierung des eigenen Nutzens stehen, sondern kann auch darin bestehen, anderen zu helfen oder für Dinge, die es einem Wert sind, Opfer zu bringen.
In der Folge werde ich im Bezug auf verschiedene Lebenssituationen (Armut, Arbeitslosigkeit, Migration) aufzeigen, welche Auswirkungen der Mangel an Verwirklichungschancen für verschiedene Menschen hat und darauf eingehen, wie ein aktiver Naturzugang Bedingungen schaffen

kann, welche die Möglichkeiten und Fähigkeiten dieser Menschen erweitert und verbessert.[84]

3.2 Armut und Naturzugang

3.2.1 Würde und Chancengleichheit

Nach Amartya Sen „drückt sich Armut im Mangel an fundamentalen Verwirklichungschancen aus und nicht bloß in einem niedrigen Einkommen, das gemeinhin als Kriterium für Armut gilt." (Sen, Amartya, 2003, 110). Auch wenn ein niedriges Einkommen zu einem der Hauptursachen gehört, wie Sen meint, gibt es andere Faktoren, welche für reale Armut verantwortlich sind. Außerdem ist die Beziehung von Einkommen und Verwirklichungschancen variabel.[85] So hängt diese Beziehung nicht nur von Alter, Geschlecht, Wohnort usw. der betreffenden Person ab, sondern auch davon, inwieweit Einkommen innerfamiliär verteilt wird (meist sind Mädchen und Frauen in der Aufteilung des Einkommens benachteiligt, unter dem Motto „der Junge zuerst"), bzw. ob es „Hindernisse bei der Um-wandlung des Einkommens in Funktionen" gibt. So stellen verschiedene *Handikaps* größere Ansprüche an finanzielle Mittel.[86] Weiters benötigt eine Person in einem sehr wohlhabenden Land ein weit höheres Einkommen, um dieselben *sozialen Funktionen* zu erwerben, als jemand in einem weniger wohlhabenden Land.[87]

> Jemand, dem die Chance verweigert wird, eine Beschäftigung zu finden, jedoch vom Staat Arbeitslosenunterstützung bezieht, mag nach Maßgabe des Einkommens weniger arm dastehen als im Hinblick auf die erstrebenswerte und erstrebte Chance, eine befriedigende Arbeit zu finden.[88]

---

84 Wenn die einzelnen Themenbereiche zwar den verschiedenen Kapiteln zugeordnet sind, so sind die Situationen sehr komplex und greifen in einander, sodass einige Feststellungen auch für andere Themenbereiche bzw. Kapitel von Bedeutung sind, der Übersichtlichkeit halber habe ich sie aber schwerpunktmäßig den einzelnen Kapiteln zugeordnet.
Am Ende des Kapitels „Das gute Leben" werde ich dann noch versuchen, an Hand von Martha Nussbaums 11 Fähigkeiten, welche auf Sens Ansatz aufbauen, den konkreten Bezug zu den Interkulturellen Gärten herzustellen.
85 vgl. ebenda, 110.
86 Ebenda, 111.
87 Ebenda, 112.
88 Ebenda, 118. Dieser Bereich wird noch in einem späteren Kapitel *Arbeitslosigkeit und Naturzugang* besprochen werden, auch wenn der Mangel an Verwirklichungschancen, tätig für seinen Unterhalt aufzukommen mit Armut wie sie hier besprochen wird, zusammenhängt.

Auch eine Person, welche z. B. aufgrund der politischen oder umweltbedingten Umstände ihr Land verlassen muss, mag vielleicht an seinem Heimatort über ein gutes Einkommen verfügt haben und am Ankunftsort eine finanzielle oder aus bestimmten Gütern bestehende Unterstützung bekommen, in Hinsicht der Situation einer erzwungenen Migration aber muss diese Person als arm an Verwirklichungschancen bezeichnet werden, da sie durch die Flucht nicht nur den Heimatort verlassen muss, sondern auch alle oder viele der damit in Zusammenhang stehenden Bindungen, Gewohnheiten und Selbstverständlichkeiten, sowie Familie, Beruf, Sprache oder den eigenen Garten.[89]

Aus dem bisherigen lässt sich also sagen, dass eine Person, die keine oder nur ungenügende Möglichkeiten bzw. Fähigkeiten hat, verschiedene Ziele zu erreichen, in diesem Aspekt als arm zu bezeichnen ist, unabhängig davon, wie hoch ihr Einkommen ist.

Ein Bereich, in dem Armut ganz besonders gravierend ist, besteht im unzureichenden Zugang zu angemessener Nahrung bzw. in der mangelnden Fähigkeit, sich selbst mit ausreichend und selbst bestimmter Nahrung zu versorgen bzw. im Mangel an Zugang zu natürlichen Ressourcen, welche den Anbau von ausreichend unbelasteter Nahrung ermöglichen. Der Wegfall von diesen Zugangsmöglichkeiten kann durch verschiedene Ursachen erfolgen (umweltbedingt, aus politischen, sozialen oder ökonomischen Gründen) und führt zu Hunger bzw. zu Migration.

„842 Millionen Menschen waren im Jahr 2003 schwerstens und chronisch unterernährt. Im Jahr davor waren es 826 Millionen."[90] Fuer 2004 gibt er bereits 852 Millionen unterernährte Menschen weltweit an Tendenz steigend. Dies ist der Fall, weil ihnen die Möglichkeiten fehlen, für ihre Lebensmittelversorgung in ausreichendem Maße selbst aufzukommen, entweder durch Kauf, Tausch oder Eigenanbau. Wer keine Möglichkeit hat, selbst auf die eine oder andere Art und Weise für seine Nahrungsmittel zu sorgen, fühlt sich gedemütigt. Für Jean Ziegler ist einer „der Hauptgründe dieses absurden, kriegsverursachenden, menschen-zerstörenden Elends [...] der ungleiche Zugang zum Produktionsmittel Boden." (Ziegler, Jean, 2004, 19). In diesem Zusammenhang ist vor allem zu nennen: die Ungleichverteilung von Land aufgrund der Ausweitung von Großgrundbesitz, Verdrängung von Subsistenzkulturen durch Export-kulturen, Landvertreibung durch Kriege und Verminung, mangelnde Förderung von Frauen,

---

89 Siehe das spätere Kapitel *Heimatlosigkeit und Naturzugang*.
90 Ziegler, Jean, „Das tägliche Massaker des Hungers", in: *Agrobusiness – Hunger und Recht auf Nahrung*, Widerspruch 47, Zürich, 2004. Jean Ziegler ist seit 2000 Sonderberichterstatter für das Recht auf Nahrung bei der UNO.

welche Hauptproduzentinnen in der Subsistenz-wirtschaft sind, Bodenvergiftung durch Agrargifte, schleichende Verwüs-tung, Dürreperioden und Zwang der Staaten zu Agrarexporten, um Impor-te finanzieren und Schulden begleichen zu können, wodurch ebenfalls Subsistenzkulturen vertrieben werden usw. [91]

Der Armutsbegriff suggeriert oft eine Vorstellung von Hilflosigkeit und Passivität. Armut ist jedoch nicht mit Unfähigkeit gleich zu setzen, sondern ist das Geraten in eine Pattstellung, welche Handlungsspielräume einengt. Aristoteles schreibt über das aktive Handeln und das Erdulden am Beispiel des Wohltäters und des Wohltatenempfängers:

> Und zugleich bedeutet für den Wohltäter das Erleben seines Handelns etwas Schönes und Edles: er freut sich also über den anderen, an dem dieses Schöne in Erscheinung tritt; der Empfänger der Wohltat aber vermag keinen solchen Wert an seinem Wohltäter zu erkennen, sondern höchstens ein Moment der Nützlichkeit. (NE, 257)

Es ist jene Situation, die Aristoteles hier anspricht, in der wir eine Wohltat empfangen mit dem Wissen, dass wir darauf angewiesen sind. Der Wohltäter kann stolz auf die Stellung sein, die ihm *das Schicksal* zuge-wiesen hat, da er in der Lage ist, Wohltaten zu vollbringen. Jener, welcher die Wohltaten aber in Empfang nimmt, ist sich seiner Stellung ebenso bewusst, nämlich der des *Erduldens*.

Für viele KleinbäuerInnen bedeuten Nahrungsmittelhilfen – welche oft die Entlastung der sogenannten Industrieländer von ihren Überproduktionen sind – und stark subventionierte Importe landwirtschaftlicher Produkte eine starke Konkurrenz, mit der sie nicht mithalten können. Sie verarmen, während sie die Nahrungsgeschenke erdulden, welche ihre Produktivität ersticken, und verlieren ihre Würde in der Rolle der EmpfängerInnen. Auf der anderen Seite stehen jene BäuerInnen, welche Subventionen für ihre Arbeit erhalten statt von dem *Lohn* ihrer Arbeit zu leben, was aus der Aussage eines nordamerikanischen Farmers hervorgeht:

> Niemand redet gern über unsere Abhängigkeit von den Subventionen, aber sie machen einen großen Teil unseres Einkommens aus. Es herrscht eine gewisse Frustration, weil man es nicht aus eigener Kraft schafft. [92]

---

91 vgl. Nuscheler, Franz, „Zwischen Malthus und Süßmilch – Genügend Nahrung für alle?", in: Bischöfliches Hilfswerk Misereor, *Ernährung – Ein Recht für alle,* Horlemann, Unkel/Rhein, 1997, 28ff.
92 Harford, Doug, „Mazon, Illinois: Flächen-sharing für die Hungernden", in: Brot für die Welt (Hrsg.), *Landwirtschaft in der globalen Ökonomie. HungerReport 2003/2004,* Brandes&Apsel, Frankfurt am Main, 2003, 22.

Beide fühlen sich nicht als handelnde Personen, sondern als EmpfängerInnen und Abhängige. Obwohl beide tätig sind, ist die *Frucht* ihrer Tätigkeit nicht ihr *Lohn*, von dem sie leben, weil ihre Tätigkeit nach einem *schwankenden, vom Markt bestimmten Preis* bewertet wird.

Für Avishai Margalit bedeutet die Würde einer Person zu achten, sie nicht zu demütigen bzw. keine Institutionen oder Einrichtungen zu schaffen, welche dieses tun.[93] „Die Abwesenheit von Instrumentalisierung, Demütigung und Erniedrigung" ist für Herlinde Pauer-Studer Voraussetzung für die Selbstachtung der Menschen. Sie definiert Achtung als Grundlage wie folgt:

> Achtung gebietet, anderen die Bestimmung der eigenen Ziele und Zwecke zu überlassen und ihnen die Chancen zu deren Verwirklichung einzuräumen. Das Schaffen der institutionellen Voraussetzungen für das Verfolgen individueller Lebenspläne sichert die Grundlagen der Selbstachtung.[94]

Menschen, welche durch die Umstände, in die sie gelangen, nicht oder nicht mehr fähig sind, sich selbst mit angemessener Nahrung zu versorgen, verlieren ihr Selbstvertrauen und ihre Selbstachtung.
Wenn sich Mitglieder der *Via Campesina*[95] gegen die weltweite Vereinheit-lichung von Nahrungsmitteln auflehnen und sich dafür einsetzen, in kleinbäuerlichen Strukturen regionale Lebensmittel produzieren zu können, so bestehen sie auf der Freiheit zur Verfolgung ihrer eigenen Lebenspläne, indem sie Ernährungssouveränität („Food Sovereignty") fordern. Wenn wir nicht selbst darüber entscheiden können, wie wir uns ernähren, fühlen wir uns in unserer Würde missachtet.
So beschreibt auch Martina Kaller-Dietrich die Bedeutung des *tortilla*-Machens im eigenen Haus von Frauen der eigenen Familie in einem Dorf in Mexiko, anstatt sie anzukaufen oder von Schwiegertöchtern machen zu lassen:

> Selbstverständlich würden auch diese *tortillas* schmecken und man würde auch gerne welche austauschen oder als Geschenk annehmen, das sei keine Frage. Es ginge aber darum, dass man selbst auch (noch) etwas gelten wolle, deshalb würde darauf Wert gelegt, dass in jedem größeren Familienverband die *tortillas* im Haus gemacht würden. Es lässt sich daraus schließen, dass *echar tortillas* im

---

93 Margalit, Avishai, *Politik der Würde*, Fischer, Frankfurt am Main, 1999.
94 Pauer-Studer, Herlinde, *Autonom leben,* Suhrkamp, Frankfurt am Main, 2000, 58.
95 Dachverband eines weltweiten Netzwerks von Kleinbauernorganisationen, welche sich für Ernährungssouveränität und freien Zugang zu Land, Wasser und Saatgut einsetzen.

Zusammenhang mit Geltung und persönlicher Würde gedacht und gedeutet wird.[96]

Die Möglichkeit, Land, Luft, Wasser und Saatgut in ausreichender Menge und angemessener Qualität zur Verfügung zu haben und über das Wissen zu verfügen, wie diese zusammengebracht werden müssen, um Lebensmittel in nachhaltiger Weise wachsen zu lassen, gibt vielen Menschen die Basis, in Würde zu leben.

3.2.2 Menschen in einer Gemeinschaft von Lebewesen

> Nur für mich bin ich nicht Ich, und nur für uns sind wir nicht Wir. [...]
> Indem der Mensch zur Welt kommt, lebt er immer schon im Mitsein mit andern Menschen und mit der natürlichen Mitwelt. Im geschichtlichen Mitsein mit Anderen und Anderem sind wir niemals fensterlos gewesen, sondern allererst vermöge der Begegnungen, in denen wir für Andere und Andere für uns offen sind, wir selbst geworden. (Meyer-Abich, Michael, 1997, 348-349)

Liegt Armut im Mangel an Verwirklichungschancen, so gilt dies sicherlich nicht nur für Menschen, sondern auch für außermenschliche Lebewesen. Ihre Verwirklichungschancen werden häufig durch menschliche Aktivitäten umfangreich eingeschränkt und in unseren Tätigkeiten nur wenig berücksichtigt, auch wenn ihre Lebensqualität oft auch mit unserer in Zusammenhang steht. Die Herausstreichung eines *spezifisch Menschlich-en*, das sich von *tierischem* Leben ganz wesentlich abhebt, liegt z. T. in der Missachtung von Gemeinsamkeiten, Abhängigkeiten und Zusammen-hängen. Die Tätigkeiten, welche für die Aufrechterhaltung des Lebens not-wendig und nützlich sind, galten im antiken Griechenland als jene, die wir als Menschen mit den außermenschlichen Lebewesen gemein haben, und von diesen galt es, sich abzugrenzen. Folge dieser Abgrenzung aber war auch eine Trennung zwischen den so genannten *körperlichen* und *geistigen Tätigkeiten*. Die Ausgrenzung und Herabsetzung der *notwendigen, natürlichen, körperlichen Tätigkeiten* blendete nicht nur aus, dass jede andere Tätigkeit auf diesen aufbaute, sondern vermied auch den sinnlichen Kontakt mit außermenschlicher Natur. Ein gutes Beispiel dafür findet sich in Platons Dialog Phaidros, wo eben dieser Phaidros Sokrates aus der Stadt hinaus führt, um ihm eine Rede vorzutragen. Sie entscheiden sich für einen schattigen Platz unter einem Baum, wo folgendes Gespräch geführt wird:

> SOKRATES: Bei Hera, ein schöner Ruheplatz! Hier die Platane, mächtig ausladend und hoch, und wie schön der Wipfel des Keuschbaumes und sein dichter

---

96 Kaller-Dietrich, Martina, *Macht über Mägen. Essen machen statt Knappheit verwalten*, promedia, Wien. 2002, 173.

> Schatten, und wie er gerade in vollster Blüte steht, so daß er den Ort ganz mit seinem Dufte erfüllt. Und die lieblichste Quelle, die unter der Platane fließt, mit ganz kühlem Wasser, wie man am Fuße spürt. Nach den Mädchenfiguren und Weihbildern ist es offenbar ein Heiligtum einiger Nymphen und des Acheloos. Wie man nur wünschen mag: wie angenehm und sehr süß ist das Wehen der Luft an diesem Orte. Sommerlich und hell tönt sie im Chor der Zikaden. Der Rasen aber ist der allerzarteste, wie er allmählich ansteigt, um, wenn man sich ausstrecken will, dem Haupte die angenehmste Stütze zu geben. Aufs beste hast du dich als Führer bewährt, mein lieber Phaidros.
> PHAIDROS: Du aber, du Bewundernswerter, erscheinst doch als Sonderling. Gleichst du doch geradezu einem Fremdling, der sich führen läßt, wie du selber sagst, und nicht einem Einheimischen. So wanderst du nie aus der Stadt über die Grenze hinaus, ja ich glaube, du gehst überhaupt nicht aus der Mauer hinaus.
> SOKRATES: Verarge mir das nicht, mein Bester, bin ich doch einmal lernbegierig. Nun wollen die Fluren und die Bäume mich nichts lehren, wohl aber in der Stadt die Menschen. (Phaidros, 230a-d)

Sokrates erweist sich zwar als Kenner in der Beschreibung seiner *natürlichen* Umgebung, welche er göttlichen Wesen zuordnet, setzt diese aber insofern herab, in dem er meint, er könne aus ihr nichts lernen und damit auch nicht aus dem Umgang mit ihr. Nun ist eine andere Weise, diese Situation zu beschreiben, die, sich in das *natürliche Leben* außer-halb der Menschen nicht einzumischen und nur in menschlicher Gesell-schaft zu bleiben, die Natur *draußen* wird geschützt durch Nichtbeein-flussung in beider Richtung. Und gerade hier aber stehen wir an einer Wurzel des Problems: Wir sind gar nicht fähig, außermenschliche Natur nicht zu beeinflussen. Sie wurde von uns beeinflusst seit es Menschen gibt, so wie wir von ihr beeinflusst werden, schon allein aus dem Grund, dass die Menschen von der sie umgebenden natürlichen Umwelt abhän-gen, gar nicht ohne sie überleben und schon gar nicht gut leben können. Sehr wohl ist jedoch zu entscheiden, wie dieser Einfluss erfolgen soll, d.h. es geht nicht um das *OB*, sondern um das *WIE* und dazu gehört die Erkenntnis, dass in vielen Fällen unser *Gutes Leben* auch mit dem *Guten Leben* anderer (nicht nur menschlicher Lebewesen) in Verbindung steht.

Luft, Wasser und Boden lassen sich nur bedingt auseinander *teilen*, sie stehen immer im Zusammenhang mit einer Gemeinschaft (Lebensgemeinschaft, Nutzungsgemeinschaft), die keine Zäune, nationalen Grenzen oder Artgrenzen kennt, und daher stehen sie als etwas zu *Teilendes* da. Dieser Gemeinschaftsaspekt rückt in einer *Gesellschaft unabhängiger Individuen* in den Hintergrund, wodurch ein unbeeinflusstes Eigentum vorgetäuscht wird, das einem immanenten *Gewebe* der *Natur* widerspricht, welche immer im Zusammenhang mit einer menschlichen und nicht-menschlichen Gemeinschaft steht. Der Einsatz von Zäunen, Netzen, Pestiziden, Herbiziden, Fungiziden und anderen Abhaltungs- und Vernichtungsmethoden sieht nur eine rein menschliche Nutzung vor. Wir stehen aber immer schon in einem Spannungsfeld zwischen Individuum (Individualinteressen) und Gemeinschaft (Gemeinschaftsinteressen). Die Menschen sind durch *außermenschliche Natur* miteinander, aber auch gleichzeitig mit anderen Arten verbunden, denn sie stehen einerseits mit diesen selbst in Kontakt, teilen mit ihnen andererseits aber auch *Natur* als Lebensgrundlage. Die Achtung der Interessen anderer Menschen und Arten steht langfristig im direkten Verhältnis zur eigenen Lebensqualität. Dies tritt verstärkt hervor in größeren Ereignissen wie im Auftreten von chemischer Vergiftung ganzer Flüsse oder Landteile oder Krankheiten wie BSE oder Vogelgrippe.

> Auch nicht-menschliche Organismen tragen damit aktiv auswählend dazu bei, die Natur, d.h. ihre Umwelt in der sie überleben, zu konstruieren. (Görg,C., 2003, 75)

Das Verbindende der Lebensgemeinschaft bewirkt auch eine Auseinandersetzung mit dem spezifisch Anderen, dass sich aber in seinem Anderssein uns nicht immer entgegensetzt, sondern auch förderlich und uns unterstützend wirkt, wenn wir seine förderliche Wirkung kennen und zu nutzen wissen, ohne sie zerstörerisch zu verbrauchen. Die Auseinandersetzung der verschiedenen Spezies erfolgt dann eben auf jener Ebene wie sie herausgefordert wird – von der einen oder anderen Seite, im Zeichen der Lust oder im Zeichen der Notwendigkeit, wobei sich Lust und Notwendigkeit als anzustrebendes Ziel vereinigen.
Die Berücksichtigung der Regeln *biologischer Landwirtschaft* und gerechte Nutzenverteilung natürlicher Ressourcen bedeutet in dieser Hinsicht eine Berücksichtigung anderer Mitglieder einer Lebensgemeinschaft, in welcher die langfristigen Lebensmöglichkeiten dieser Lebensgemeinschaft vor die kurzfristig zu erwartenden Gewinne, die durch eine Übernutzung bei Missachtung ihrer längerfristigen Auswirkungen erzielt werden könnten, geschoben werden. Dabei kommt eine zentrale Frage ins Blickfeld:

> Wie kann sich eine Gruppe voneinander abhängiger Akteure zur Erzielung langfristiger gemeinsamer Vorteile selbst organisieren und verwalten, wenn alle versucht sind, Trittbrett zu fahren, sich zu drücken oder sonst wie opportunistisch zu handeln?[97]

3.2.3 Allmende gegen Armut?
> Boden ist mehr als nur ein Produktionsfaktor oder ein Wirtschaftsgut: es [!] schließt andere Werte ein, wie Heimat, Ort der Ahnen, Land als Überlebensgrundlage, als Voraussetzung für individuelle Freiheit. Boden ist ein Objekt der Besteuerung und begehrt von Regierungen oder Interessensgruppen. Es [!] ist

---

97 Ostrom, Elinor, *Die Verfassung der Allmende*, Mohr Siebeck, 1999, 37.

ein Instrument zur Machtausübung und von Abhängigkeit, eine Quelle für Konflikt und Krieg.[98]

Die FAO hat 1996 in Rom in ihrem „Plan of Action" gegen Verarmung und Hunger als vorrangiges Ziel den Zugang zu Nutzungsrechten für Land und Wasser für Arme und Frauen bei gleichzeitigem Schutz und nachhaltiger Nutzung von natürlichen Ressourcen festgehalten. Zunehmendes Bevölkerungswachstum wird als ein wesentliches Argument angeführt, das gegen einen gerechten Landzugang für *alle* spricht. Eine zu große Bevölkerungszahl stehe einem immer geringer werdenden nutzbaren Land gegenüber. So wird auch häufig die *Überbevölkerung* als einer der Hauptgründe für Hunger und Unterernährung angeführt. Um dieses Argument zu beurteilen sind verschiedene Faktoren zu berücksichtigen:

- Derzeit leben ca. 6 Mrd. Menschen auf der Erde. Demographischen Berechnungen zufolge fallen - bei weiterhin zunehmender Weltbevölkerung - die Zuwachsraten, bis sie in ca. 100 Jahren kein Wachstum mehr aufzeigen, und sich die Weltbevölkerung zwischen 10 und 14 Mrd. Menschen einpendelt.[99] Demnach ist das Bevölkerungswachstum keine zu unterschätzende Größe.
- Der Großteil der Bevölkerung lebt in den so genannten Entwicklungsländern, welcher bei derzeitigem Lebensstandard jedoch, ökologisch gesehen, weniger Einfluss hat als der weit geringere Anteil der Bevölkerung mit *sehr hohem Lebensstandard*, wobei letzterer in Verbindung mit ungenutzter Überproduktion steht und Produktionsflächen der gesamten Welt nützt.
- Zwei Theorien stehen einander gegenüber[100]:
  - Malthusianismus (nach Thomas R. Malthus, 1798): Malthus ging davon aus, dass sich die *Bevölkerung* in „geometrischer Reihe" (1, 2, 4, 8,16,...) entwickle, während die *Nahrungsmittelproduktion* nur einer „arithmetischen Reihe" (1, 2, 3, 4, 5, ...) folge. Diese Diskrepanz folge einem Gesetz und würde zwangsläufig zu Nahrungsmittelengpässen, Hungersnöten, Epidemien und kriegerischen Auseinandersetzungen führen.

---

98 Deutsche Gesellschaft für Technische Zusammenarbeit, Abt. 45, *Bodenrecht und Bodenordnung*, http://www.mekonginfo.org/mrc/html/or/or_summ.htm, 05.01.06.
99 vgl. Wöhlcke, Manfred, „Bevölkerungswachstum und Globalisierung: Eine unterschätzte Konfliktdimension, in: Tetzlaff, Rainer (Hrsg.), *Weltkulturen unter Globalisierungsdruck. Erfahrungen und Antworten aus den Kontinenten*, dietz, Bonn, 2000.
100 vgl. Nuscheler, Franz, „Zwischen Malthus und Süßmilch – Genügend Nahrung für alle?", in: Misereor (Hrsg.), *Ernährung: ein Recht für alle*, Aachen, 1997, 26 – 28.

- Peter Süssmilch berechnete 1741 die „Tragfähigkeit der Erde" mit mindestens zehn Milliarden Menschen, wobei er seiner Berechnung die „Verpflegungssätze der ziemlich gut genährten brandenburgischen Soldaten" zugrunde legte und seine Berechnungen von einer Landwirtschaft „ohne Maschinen, Kunstdünger" und „Pflanzenschutzmitteln" ausging.
- Vandana Shiva stellt einen Vergleich zwischen den „hohen Erträgen" der industriellen Landwirtschaft und der biodiversitären bäuerlichen Landwirtschaft an. So ergibt sich, dass die „Nahrung pro Hektar" keineswegs durch die industrielle Landwirtschaft eine Verbesserung der Nahrungsmittelproduktion bzw. der Ernährung gebracht hat, sondern nur die Art der Darstellung bzw. Ertragsdefinition täuscht:

    Ertrag (*yield*) bezieht sich üblicherweise auf das Produkt einer einzelnen Pflanzenart pro Flächeneinheit. Ertrag (*output*) kann sich aber auch auf die Gesamtproduktion verschiedener Pflanzen und Produkte beziehen. Wenn man nur eine Pflanzenart in Monokultur auf einem ganzen Feld anbaut, wird das natürlich deren individuellen Ertrag steigern. Werden dagegen unterschiedliche Pflanzenarten gemischt angebaut, wird das einen geringeren Ertrag der Einzelpflanze, aber einen hohen Gesamtertrag an Nahrungsmitteln ergeben. Erträge wurden in einer Weise definiert, die die Nahrungsmittelproduktion von Kleinbauern auf Kleinfarmen verschwinden hat lassen.[101]

    Gleichzeitig kommt es durch die industrielle Landwirtschaft zu einer Verdrängung von Pflanzenkulturen, welche sich für die kleinbäuerliche Landwirtschaft gut eignen und in langer Tradition gezeigt haben, dass sie in Kombination z. T. hohe Erträge ermöglichen können.
- Die vermehrte Fleischproduktion zu Lasten der Getreideproduktion bzw. die Tierfutterproduktion zu Lasten der Lebensmittelproduktion für Menschen benötigen wesentlich mehr Flächen als die Produktionen, welche sie verdrängen.[102] Außerdem wird für die Bemessung und Beurteilung von Hungernden meist der tierische Proteingehalt der Nahrung herangezogen.
- In der Form der Landaufteilung stehen sich vorwiegend zwei Strukturen gegenüber, wobei zweitere bereits überwiegt:
    - autochtone Bodenordnung – diese entspricht der bodenständigen Landaufteilung, welche in subsistenzorientierten Gesellschaften entstand, auch eine Gemeinschafts- und

---

101 Shiva, Vandana, „Globalisierung und Armut", in: von Werlhof, Claudia, Bennholt-Thomsen, Veronika, Faraclas, Nicholas (Hrsg.), *Subsistenz und Widerstand. Alternativen zur Globalisierung.*, Promedia, Wien, 2003.
102 Die Zahlen dazu sind sehr unterschiedlich, daher hier keine Angabe.

Mehrfachnutzung von Land vorsehen kann und meist Bodenregeneration beinhaltet.

- Landakkumulation durch koloniale Aneignung und Privatisierung – welche häufig autochtone Bodenordnungen außer Kraft setzte – vereinigt das Land in den Händen weniger Landbesitzer. Dabei entstehen viele Landarme bzw. Landlose, welche meist die Stadtbevölkerung anwachsen lassen und die dann im günstigsten Fall Lohnarbeit finden. Das akkumulierte Land wird häufig für exportorientierte Monokulturproduktion genutzt oder liegt brach.
- Derzeit kann nach Amartya Sen insgesamt, was die weltweite Nahrungsmittelproduktion betrifft, nicht von einer „Ernährungskrise" gesprochen werden. Tatsächlich ist trotz der sinkenden Nahrungsmittelpreise am Weltmarkt die Weltnahrungsmittelproduktion gestiegen (mit Ausnahme von Afrika, wo die Nahrungsmittelproduktion tatsächlich sinkt, und kurzfristigen regionalen Schwankungen weltweit gesehen) und ließe sich laut Untersuchungen noch erheblich steigern. Trotzdem sind Hunger und Unterernährung in einigen Regionen der Erde in großem Maße vorhanden. Dies lässt sich vor allem aus dem Mangel an Zugangsmöglichkeiten erklären (soziale, ökonomische und politische Komponenten).[103] Außerdem ist der Einfluss einer leitenden Theorie auf ausführende Behörden nicht unbedeutend, wie Sen meint. „Eine falsche Theorie kann tödlich sein, und die malthusianische Annahme, es käme vor allem auf das Verhältnis von Nahrungsmitteln und Bevölkerung an, hat viele Opfer zu beklagen." (Sen, 2003, 253). Einen Ausbau der Zugangsberechtigungen sieht Amartya Sen in einer Verbesserung der Verwirklichungschancen durch Erweiterung von Bildung und Gesundheitswesen, Verbesserung der Bedingungen für Frauen usw., welche z.T. gleichzeitig auch Einfluss auf das Bevölkerungswachstum haben. So ist festzustellen, dass in Gesellschaften, wo z. B. das Bildungsniveau von Frauen und ihr Zugang zu einträglichen Tätigkeiten erweitert wurden, die Geburtenraten zurückgingen (vgl. Sen, 2003, 262).

Aufgrund dieser Zusammenhänge lässt sich feststellen, dass weder die derzeitige und in näherer Zukunft zu erwartende Weltbevölkerung noch eine mangelnde Nahrungsmittelproduktion entscheidenden Einfluss darauf haben, dass bestimmte Menschengruppen keine Zugangsmöglichkeiten zu Land bzw. angemessener Nahrung besitzen. Entscheidend sind vielmehr die sozialen, ökonomischen und politischen Bedingungen, welche

---

103 vgl. Sen, Amartya, 2003, 248 ff.

ihnen diese Zugangsrechte verwehren. So ist neben der Frage, wie eine Erweiterung dieser Bedingungen ermöglicht werden kann, v.a. auch die Frage von Bedeutung, wie die Nutzung von natürlichen Ressourcen in Zukunft zu organisieren ist, um z. B. eine Gewährung von Landnutzungsrechten zu erreichen, welche den Menschen ermöglicht, in nachhaltiger Form angemessene Nahrungsmittel zu produzieren. Dabei kommen autochtone Bodenordnungen ins Blickfeld, welche zum Teil in manchen Regionen schon als überholt gelten, aufgrund neuerer Erkenntnisse aber wieder an Aktualität gewonnen haben.

Im Mittelalter war die autochtone Bodenordnung in Mitteleuropa von einer Gemeinschaftsnutzung von Land geprägt, die sich hier Allmende nannte, in ähnlicher Form und unterschiedlicher Namensgebung aber an sehr vielen Orten der Welt existierte bzw. nach wie vor besteht, auch wenn ihre Zahl aus verschiedenen Gründen immer mehr zurück geht. Allmenden in Europa entwickelten sich historisch aus germanischen Siedlungsformen. Es handelte sich dabei in erster Linie um Land (vorwiegend Weide-, Wald- und Ödland) und dessen *Früchte*, welche zur gemeinsamen Nutzung *geteilt* wurden, wozu z. B. auch Wasser gehörte. Die Mitglieder des Allmendelandes waren nicht beliebig, sondern ansässige Bürger eines Dorfes, Angehörige einer Genossenschaft, usw., welche bestimmte Nutzungsrechte besaßen, z. T. in unterschiedlichem Ausmaß, je nach festgelegten Kriterien (Realgemeinde oder Nutzungsgemeinde). Die Nutzung der Allmende war Basis aller Landwirtschaft vom Großbetrieb bis zum Tagelöhner, welcher Weiderechte besaß, zu meist gemeinsamem Vorteil. Eigentum an den Ländereien besaßen anfangs vorrangig Adelige, später erwarben manche Genossenschaften oder Gemeinden das Land, wobei die Nutzung oft dieselbe blieb. Hartmut Zückert beschreibt die Allmendrechte am Beispiel England, welche in den Grundzügen denen des Kontinents glichen, wie folgt:

> Das System der Gemeinschaftsfelder (common-field system) [...] habe vier Merkmale. Erstens waren Acker und Wiese in Streifen geteilt, von denen jeder Bauer eine Anzahl besaß, die über die Felder verstreut waren. Zweitens waren Acker und Wiese für die gemeindliche Weide des Viehs aller Allmendgenossen nach der Ernte und in der Brachzeit geöffnet; für den Acker bedeutete das notwendigerweise, dass einige Regeln hinsichtlich der Ernte beachtet waren, so dass Sommer- und Wintergetreide in getrennten Feldern angebaut wurde. Drittens gab es gemeindliches Weide- und Ödland, auf dem die Bebauer der Ackerstreifen das Recht hatten Vieh zu weiden und Bauholz, Torf, Steine und Kohle, soweit verfügbar, zu holen. Viertens wurde die Ordnung dieser Tätigkeiten durch die Versammlung der Ackerbauern geregelt. Spätestens seit dem 13. Jahrhun-

dert wiesen die Zeugnisse eindeutig auf die Autonomie der Gemeinden bei der Festlegung der Regeln hin.[104]

Mit der angesprochenen Dreifelderwirtschaft[105] und dem so genannten Flurzwang[106] war nicht nur „ein für damalige Zeit optimaler Fruchtwechsel erreicht, sondern auch ein Höchstmaß an Kooperation verlangt" (Zückert, Hartmut, 2003, 2). Pacht war oft teuer oder gar nicht möglich. Die Allmende schaffte auch für Kleinbauern mit nur wenig Landbesitz die Möglichkeit des Überlebens durch aufgeteilte Nutzungsrechte an vielfältigem Allmendland, das andernfalls nur Besitzern von weitläufigen Ländereien offen stand.

Die *Allmendaufhebung* erfolgte in den verschiedenen Regionen zu unterschiedlichen Zeiten durch Intensivierung der Landwirtschaft und Ausdehnung der Beweidung, Privatisierung und als Folge Akkumulierung und auch Einhegung (v. a. in England) von ursprünglichem Allmendland (vgl. Zückert). Ahron Eliasberg schreibt in seiner Abhandlung von 1907 mit dem Titel „Die Bedeutung des Allmendbesitzes in der Gegenwart" über Allmende in Südwestdeutschland (Badische Allmende), welche in dieser Zeit (also Anfang des 20. Jahrhunderts), wie er schreibt, trotzdem, „daß die Allmende an und für sich eine durchaus lebensfähige Institution ist [...] dem Untergang geweiht ist"[107]. Er nennt als Gründe (außer den bereits erwähnten) eine durch Privatisierung von Gunstlagen (Ebenen und dorfnahe Grundstücke) verstärkte Verlagerung der Allmenden in Ungunstlagen (Hochgebirgsweiden), die Anhebung des Genussalters aufgrund des Bevölkerungswachstums und eine zunehmende Verstädterung. Viele Kleinbauern konnten dadurch ihre Existenz auf ihrem geringen Landbesitz nicht mehr sichern, ließen sich bei den Großgrundbesitzern einstellen oder wanderten in die Städte ab, wo sie sich Lohnarbeitsstellen erhofften. Die Aufhebung der Allmende stellte eine Verschlechterung vor allem für viele kleine oder mittlere Betriebe dar, welche durch das Wegfallen der Allmendflächen häufig in die unteren ländlichen Bevölkerungsschichten abrutschten, und brachte die meisten Vorteile für einige Großgrundbesitzer, welche ihre Ländereien noch ausweiten und ihre Stellung stabilisieren konnten.

---

104 Zückert, Hartmut, *Allmende und Allmendaufhebung*, Lucius & Lucius, Stuttgart, 2003, 146-147.
105 Wechsel von Sommer-, Wintergetreide und Hackfrüchten (oder Brache) im Dreijahresrhythmus.
106 Pflicht, Fruchtfolge und zeitliche Arbeitsabfolge einzuhalten.
107 Eliasberg, Ahron, *Die Bedeutung des Allmendbesitzes in der Gegenwart*, Volkswirtschaftliche Abhandlungen der Badischen Hochschulen, Karlsruhe i. B., 1907, 2.

Allmenden in der Schweiz, Spanien oder in Süddeutschland stellen einen Rest von dieser in Mitteleuropa einst vorherrschenden Form gemeinschaftlich genutzter *Natur* dar. Eliasberg führt jedoch auch an, dass in der traditionellen Form der Allmendorganisation einige Schwachstellen lagen, welche unter anderem zu einer sozialen Benachteiligung verschiedener Gruppen (Frauen, Nichtbürger, usw.) führten, sieht jedoch in einer überarbeiteten Form der Allmende durchaus Potential einer sozial organisierten Agrarpolitik.

Ejido-Flächen, wie sie in Mexiko vorkommen, aber in ganz Südamerika bekannt sind, entsprechen den mitteleuropäischen Allmenden und gehörten bereits in vorkolonialer Zeit zur autochtonen Landordnung.

> Das im Besitz einer (Dorf)Gemeinschaft befindliche Land wird als Ejido bezeichnet. Zur Verdeutlichung kann man den Ejido mit der Allmende in Mitteleuropa vergleichen. Diese Besitzform geht noch auf die vorspanische indianische Kultur zurück, als es keinen privaten Landbesitz gab. Damals nutzte jede Siedlung das umliegende Land gemeinschaftlich um zu Nahrung zu kommen. Das Land konnte entweder kollektiv oder individuell genutzt werden. Der Großteil der Ejidos wurde individuell genutzt, das heißt, dass der Gemeindebesitz parzelliert und an einzelne Familien zur Bewirtschaftung übergeben wurde. Dieses Land durfte von den Bewirtschaftern zwar vererbt aber nicht kommerziell genutzt werden. Es war also verboten, das Stück Land zu verpachten, zu verkaufen oder mit einer Hypothek zu belasten. So reichte es zumeist gerade für die Selbstversorgung der Familie aus.[108]

Bei der Kolonisierung Mexikos erhielten die Siedler von den spanischen Herrschern weitflächige Ländereien. Viel Land vereinnahmte auch die Kirche, während die ursprünglichen Landordnungen dadurch verdrängt wurden. Auch die Unabhängigkeit Mexikos 1821 veränderte nicht viel an den Besitzverhältnissen. Die durch die Enteignung der Kirche freigewordenen Grundstücke bekamen die *Patrons* der *Haziendas* (Großgrundbesitzer) und die dörflichen Gemeinschaftsgrundstücke wurden in winzigen Parzellen an die Bauern verteilt, welche sie – da sie nicht davon leben konnten – ebenfalls an die Patrons verkauften und häufig zu landlosen Lohnarbeitern wurden. Eines der Hauptziele der Revolution von 1910 unter Emiliano Zapata war die Durchführung einer Agrarreform in Form einer Umverteilung des Landes und Schaffung von Ejido-Flächen. Die anschließend durchgeführte Landreform scheiterte nach langjährigem Bemühen jedoch aus verschiedenen Gründen, u. a. durch die Bevorzugung von Großgrundbesitzern, welche auch die Regelungen umgingen. Bedingt durch die starke Nachfrage erfolgte eine Zerstückelung von Land in zu kleine Parzellen,

---

108 Kasper, Michael, Agrarreform. Das Beispiel Mexiko, www.8ung.at/monti/pdf/mexiko.pdf, 05.01.06, 5.

welche kaum zum Überleben reichten und wiederum dazu führten, dass diese an die Großgrundbesitzer verkauft werden mussten. Ein weiterer Grund war auch die wahrscheinlich zu spät durchgeführte Novellierung der alten Ejido-Bestimmungen im Jahr 1992 (vgl. Kasper, Michael).

Claudia von Werlhof berichtet von BäuerInnen in Venezuela:

> Sie hatten das Programm der Industrialisierung der Landwirtschaft über sich ergehen lassen müssen, wie die Bauern hier auch, und haben dann irgendwann festgestellt, daß das in jeder Hinsicht kontraproduktiv war. Denn sie waren durch diese Maßnahmen noch schlechter gestellt als vorher, hatten sogar noch weniger Geld mit ihren großen Traktoren verdient – die waren immer größer als die Hütten, in denen sie wohnten. Da haben viele beschlossen, daß sie damit aufhören. Sie sind ausgestiegen. Die Maschinen haben sie zurückgegeben. Kredite wollten sie keine mehr haben, und das Land haben sie besetzt, um sich damit selber zu versorgen. Und zwar haben sie das Gemeindeland, die frühere Allmende, besetzt. Die gab es ja hier auch. Man hat ihnen das Land lassen müssen, weil es ein Gesetz gibt, daß ein Venezolaner zu seiner Staatsbürgerschaft ein Anrecht auf ein Stück Land hat. [...] Die neuen Landbesitzer haben zunächst die alten Leute befragt, wie das eigentlich geht mit der Subsistenz in der Landwirtschaft, also mit der Agrarkultur. Sie haben dann nicht mehr von „Landwirtschaft" geredet, sondern von „der Liebe zur Erde". [...] Viele haben damals keine Ahnung vom Land mehr gehabt, genau wie hier. Also ging es um das Wiederaneignen der Kenntnisse des Umgangs, der Erfahrungen. Das braucht ja Erfahrung, das kann man nicht einfach in Büchern lesen. Man muß das machen. Was macht der erfahrene Nachbar, das mache ich auch. So haben sie voneinander gelernt. Als Gipfel der Ironie haben sie am Schluß noch mehr Geld gehabt als jemals zuvor, weil sie immer Überschüsse hatten.[109]

Das Beispiel Mexikos, aber auch die Kritik an der Allmende in Europa zeigen, dass Allmendwirtschaften notwendiger Weise iterativer[110] Reformen (regionaler und sozialer Anpassungen) und selbst bestimmender Strukturen bedürfen (siehe nächstes Kapitel). Die moderne Landwirtschaft, welche weltweit in vielerlei Hinsicht ausbeutend agiert, zeigt gleichzeitig (vgl. Werlhofs Beispiel aus Venezuela) dringenden Handlungsbedarf. Hier erscheinen die Rückbesinnung auf traditionelle Strukturen und lange erprobtes Wissen, Aktualisierungen und Neuerungen autochtoner Landordnungen und ein interkultureller Austausch über Erfahrungen sinnvoll.
Neue Formen von gemeinschaftlichen Landverwaltungsmöglichkeiten haben die BäuerInnen in Venezuela, aber z. B. auch eine Bauernbewegung

---

109 von Werlhof, Claudia, „Leben ist unwirtschaftlich. Subsistenz – Abschied vom ökonomischen Kalkül", *Der Rabe, Berliner Umweltzeitung*, 1994.
110 Begriff aus der Mathematik: sich schrittweise in wiederholten Gängen einer Lösung annähernd.

im Larzac in Frankreich (Société Civile des Terres du Larzac, SCTL)[111] gezeigt, finden aber auch durch andere Bewegungen *von unten* immer wieder statt und zeigen einerseits, dass die Bedeutung von verfügbarem Land nach wie vor eine große Dringlichkeit aufweist, andererseits basisdemokratische Landverwaltungs- und gemeinschaftliche Landnutzungsstrukturen nicht obsolet sind.

Neben dem *Boden* sind andere *common-pool resources* oder Allmendgüter von entscheidender Bedeutung, wie z. B. *Wasser* oder *Saatgut*. Sie stehen in enger Verbindung mit der Bewirtschaftung von Land und sind deshalb auch häufig in vernetzter Weise als Allmende zu finden. *Geeigneter Boden* stellt jedoch eine wesentliche Voraussetzung für Wasserbereitstellung und Saatgutvermehrung dar.

3.2.4 Allmendeproblematik[112], Kooperation und kollektives Handeln

Vorerst muss zwischen *Gemeingut*[113] und *Allmendgut*[114] unterschieden werden. Diese Unterscheidung ist bedeutend, da ihre Nichtunterscheidung häufig zu Verwirrung und Fehlern in der Beurteilung führt. Elinor Ostrom setzt sich in ihrem Buch „Die Verfassung der Allmende" (Originaltitel: „Governing the Commons – The Evolution of Institutions for Collective Action") mit verschiedenen Modellen auseinander, welche die Organisation von Gemein- bzw. Allmendgütern beurteilen. Kritisch behandelt sie drei Modelle, welchen sie ihre Analyse von bestehenden Allmendwirtschaften entgegenhält, in dem sie Gemeinsamkeiten und Kriterien, sowie Problemlösungsstrategien aufzeigt, die für langlebige selbst verwaltete *Allmenderessourcen (AR)* kennzeichnend sind. Die drei traditionellen Modelle: 1. „The Tragedy of the Commons" (Hardin, Garrette, 1968), 2. Gefangendilemma-Spiel und 3. „The Logic of Collective Action" (Olson, Mancur, 1965) unterstellen, „daß Individuen, die sich in einer Dilemmasituation aufgrund von Externalitäten befinden, die durch die Handlungen aller Akteure entstanden sind, sehr beschränkte, kurzfristige Berechnungen anstellen, wodurch sie sich und den anderen schaden, ohne Möglichkeiten zur Kooperation zu finden, um dieses Problem zu überwinden."

---

111 Bové, José, Dufour, François, *Die Welt ist keine Ware. Bauern gegen Agromultis*, Rotpunkt, Zürich, 2001.
112 Verschiedene Publikationen zum Thema Allmenden (Commons) finden sich unter http://dlc.dlib.indiana.edu/.
113 Unter Gemeingut ist jenes Gut zu verstehen, welches allen zur freien Verfügung steht: meist nicht begrenzte, häufig auch nicht erneuerbare natürliche Reserven.
114 Allmendgut steht einer bestimmten Gruppe zur gemeinsamen Nutzung, Betreuung und Organisation zur Verfügung: meist erneuerbare natürliche Reserven wie Wasser oder Produkte von einem bestimmten Stück Land in unsicheren Milieus, welche eine substantielle Knappheit darstellen.

(Ostrom, Elinor, 1999, XVIII) Damit ist gemeint, dass diese Theorien davon ausgehen, dass jedes *Mitglied* grundsätzlich nach seinem eigenen kurzfristigen Vorteil strebt und nicht danach trachtet, mit anderen Regelungen zu treffen, die zu gemeinsamem langfristigem Vorteil führen. Da konventionelle Theorien noch immer Basis von politischen Empfehlungen sind, komme es häufig zu falschen Maßnahmen und Schaffung von falschen Voraussetzungen in der Organisation von Institutionen, welche Allmendgüter verwalten.

Elinor Ostrom stellt in der Analyse von bestehenden Allmenden[115] fest, dass die Fähigkeit der Kooperation den Menschen eigen ist und eine Möglichkeit der Überwindung von Problemen darstellt:

> Es gibt gewichtige Belege dafür, daß die Menschen eine ererbte Fähigkeit besitzen zu lernen, Reziprozität und soziale Regeln so zu nutzen, daß sie damit ein breites Spektrum sozialer Dilemmata überwinden können. Reziprozität umfaßt "(1) einen Versuch herauszufinden, wer alles zur Gruppe gehört, (2) eine Abschätzung der Wahrscheinlichkeit, daß die anderen bedingt kooperationsbereit sind, (3) eine Entscheidung, mit den anderen zu kooperieren, wenn sie glaubwürdig bedingt kooperationsbereit sind, (4) eine Weigerung, mit denen zu kooperieren, die nicht reziprok handeln, und (5) die Bestrafung derer, die das Vertrauen mißbrauchen" (Ostrom 1998, S.10). Im wesentlichen bedeutet Reziprozität, auf die positiven Handlungen der anderen mit einer positiven Antwort und auf die negativen Handlungen der anderen mit irgendeiner Form der Bestrafung zu reagieren. Reziprozität wird in allen Gesellschaften gelehrt. (Ostrom, Elinor, 1999, XIX)

Allmenden haben im Wesentlichen laut Ostrom drei Problembereiche zu lösen: (1) das Bereitstellungsproblem, (2) das Problem der glaubwürdigen Selbstverpflichtung, (3) das Problem der gegenseitigen Überwachung. Entscheidend für den Erfolg bzw. das Scheitern von Allmendwirtschaften sind für Ostrom folgende Bauprinzipien, welche sie bei *langlebigen Allmenderessource-Institutionen* ausfindig gemacht hat (vgl. Ostrom, Elinor, 1999, 117):

- Klar definierte Grenzen sowohl der Allmenderessource als auch der Personen, welche zu ihrer Aneignung berechtigt sind
- Kongruenz zwischen Aneignungs- und Bereitstellungsregeln und lokalen Bedingungen
- Arrangements für kollektive Entscheidungen (Mitbestimmung)

---

[115] Sie untersucht langlebige selbstorganisierte Allmenden (zwischen 100 und 1000 Jahre bestehend) in der Schweiz und in Japan (Hochgebirgsweiden und –wälder), Bewässerungsinsitutionen der spanischen Huertas und der philippinischen Zanjeras. Diesen stellt sie fragile und gescheiterte Systeme in der Türkei, Sri Lanka und Neuschottland entgegen und beschreibt auch Maßnahmen, welche zu deren *Rettung* angewandt wurden.

- Überwachung
- Abgestufte Sanktionen
- Konfliktlösungsmechanismen
- Minimale Anerkennung des Organisationsrechtes von externen staatlichen Behörden, d.h. die Regeln stehen nicht im Konflikt mit staatlichen Regeln bzw. der Staat ist nicht interessiert, eigene Regeln für die Allmende aufzustellen.
- Bei größeren Systemen: Eingebettete Unternehmen in mehreren Systemebenen.

Auch Interkulturelle Gärten lassen sich durchaus unter Allmenden einreihen. Denn wie Ostrom feststellt, sind stabile Allmenden – den lokalen Ansprüchen folgend – unterschiedlich organisiert und weisen neben grundsätzlichen Gemeinsamkeiten verschiedene Regelungen auf.

Wollen wir Interkulturelle Gärten als Allmenden untersuchen, so könnten die von Elinor Ostrom vorgeschlagenen Bauprinzipien helfen, diese zu beurteilen.

Ich möchte daher im letzten Kapitel (*Garten und das gute Leben*) noch einmal auf dieses Bausteinprinzip und die Voraussetzung der Bereitschaft zu Kooperation zurückkommen und mich dabei konkret auf Interkulturelle Gärten beziehen.

3.3 Vita activa oder Vom tätigen Leben

In diesem Kapitel möchte ich mich einführend mit dem Phänomen *Arbeit* und dem *Tätigsein* beschäftigen, um danach darauf eingehen zu können, was eigentlich fehlen kann, wenn jemand arbeitslos ist (siehe Kapitel *Arbeitslosigkeit und Naturzugang*). Weiters soll hier eine Basis für spätere Kapitel geschaffen werden, in denen beschrieben wird, was wir eigentlich tun, wenn wir im Garten tätig sind.

Folgende Synonyme zu dem deutschen Wort *Tätigkeit* werden im Wörterbuch für Synonyme und Antonyme angeführt: „Arbeit, Ausübung, Beschäftigung, Betätigung, Handeln, Hantierung, Tun, Verrichtung". Wenn jemand tätig ist, so ist diese Person „aktiv, regsam, unternehmend, unternehmungslustig, arbeitsam, arbeitswillig, betriebsam, ehrgeizig, emsig, fleißig, geschäftig, nimmermüde, rastlos, strebsam, tüchtig oder unermüdlich". Ist das Gegenteil der Fall, dann ist sie „bequem, faul, müßig, passiv, tatenlos, teilnahmslos, untätig, zurückhaltend, arbeitslos, beschäftigungslos, erwerbslos, stellungslos oder suspendiert". Der Tätigkeit entgegen gesetzt

sind „Faulheit, Tatenlosigkeit, Teilnahmslosigkeit, Untätigkeit, Zurückhaltung und Ruhe".[116]
So umschreiben wir das Tätige und sein Gegenteil. Aber was tun wir eigentlich, wenn wir tätig sind? Diese Frage stellt Hannah Arendt in ihrem Buch *Vita activa oder Vom tätigen Leben* und beschreibt, was bei den Griechen des Altertums unter Tätigsein zu verstehen ist. Dabei kommen *Arbeiten*, *Herstellen* und *Handeln* in Betracht, welche sich von der *untätigen* Vita contemplativa – der *Kontemplation* –, die durch die *reinste* aller Tätigkeiten erreicht werden kann, nämlich das *Denken*, absetzen.
Die Bürger der griechischen Polis distanzierten sich von den *notwendigen* und *nützlichen* Tätigkeiten und widmeten sich ausschließlich der Tätigkeit des Handelns und Redens, welche zusammen gehörten. Während *Arbeiten* das Leben selbst produzierte (Subsistenz) und *Herstellen* Werkzeuge erzeugte bzw. eine künstliche Welt der Dinge schuf, war *Handeln* als "die einzige Tätigkeit der Vita activa" zu verstehen, "die sich ohne die Vermittlung von Materie, Material und Dingen direkt zwischen Menschen abspielt" (Arendt, 2001, 17) und Pluralität der Menschen voraussetzte. Der Höhepunkt des Lebens lag in der Kontemplation, da

> kein Gebilde von Menschenhand es je an Schönheit und Wahrheit mit dem Natürlichen und dem Kosmischen aufnehmen könne, das, ohne der Einmischung oder der Hilfe der Menschen zu bedürfen, unvergänglich und unveränderlich in sich selbst schwingt von Ewigkeit zu Ewigkeit. (Arendt, 2001, 25)

Zur gleichen Zeit standen die Bürger Athens jedoch einem Haushalt vor, der aus Frau, Kindern und Sklaven bestand, welche für die so genannten notwendigen und nützlichen Verrichtungen des Lebens zuständig waren.
Auch Arendts analytische Darstellung der weiteren Geschichte der europäischen *Vita activa* zeigt vor allem eines: eine Trennung der Tätigkeitsbereiche, eine Zuordnung von Tätigkeiten zu bestimmten Gruppen, Schichten und Klassen und mit der Bewertung dieser auch eine hierarchische Einordnung der Tätigkeiten selbst.
Hier zeigt sich besonders stark der Wunsch, sich von einem *Natürlichen* abzugrenzen, das eine Welt der *Notwendigkeiten* bildete, über die sich die *freien* Menschen mit ihren *außer-natürlichen Fähigkeiten* herausheben, abheben sollen. Michael Meyer-Abich spricht von einem tief verwurzelten „Bedürfnis nach dem Besonderen im Gegensatz zum Gewöhnlichen" und einer „Tendenz, das Naturgeschehen für das Gewöhnliche im Gegensatz zum Übernatürlichen als dem Besonderen anzusehen", die er vor allem in der Geschichte des Christentums findet.[117] Mit dieser sehr starken He-

---

116 Bulitta, Erich und Hildegard, *Wörterbuch der Synonyme und Antonyme*, Fischer, Frankfurt a. Main, 2003.
117 Meyer-Abich, Michael, *Praktische Naturphilosophie*, C.H. Beck, München, 1997, 45.

raushebung der Abgrenzungsmerkmale und Negierung der „abhängigen", „natürlichen", „notwendigen" Bereiche - was in der Neuzeit in Europa erhalten bleibt - entwickelt sich das „Herstellen" (Technik) zum Leitbild der Arbeit, das eine „neue" menschliche Welt schafft, die natürliche Abhängigkeiten scheinbar minimiert bzw. sich davon überhaupt unabhängig zu machen trachtet. Für die altgriechischen Athener jedoch zählt auch die Sphäre des Herstellens noch zum „Nützlichen", von dem sich der „freie Mann der Polis" abwenden soll, um wirklich frei zu sein. Der Bereich des Handelns und Sprechens sowie die Kontemplation bilden das wirklich freie Leben.

Hier werden zwei Weisen, Natur zu verstehen, sichtbar: einerseits Natur, wie sie sich im aktiven Naturzugang, von dem sich die Polis abgrenzen möchte, darstellt und die Form der Notwendigkeit abdeckt, welche mit einer Geringschätzung behandelt wird, andererseits wie sie einer kosmischen, göttlichen Ordnung entspricht. Natur und Natur sind hier nicht dasselbe: die im menschlichen Bereich wird abgewertet, jene im kosmischen Bereich wird in göttlicher Ehrfurcht betrachtet.

Karl Marx scheint dem Leitbild der Arbeitsabwendung der Aristotelischen Polis – über Umwege der scheinbaren Arbeitsverherrlichung, welche aber letztendlich zu einer Überwindung der Arbeit selbst führen soll[118] - zu folgen.

> So mag es scheinen, als würde hier durch den technischen Fortschritt nur das verwirklicht, wovon alle Generationen des Menschengeschlechts nur träumten, ohne es jedoch leisten zu können. Aber dieser Schein trügt. Die Neuzeit hat im siebzehnten Jahrhundert damit begonnen, theoretisch die Arbeit zu verherrlichen, und sie hat zu Beginn unseres Jahrhunderts [gemeint ist das 20. Jh.; Anmerkung UT] damit geendet, die Gesellschaft im Ganzen in eine Arbeitsgesellschaft zu verwandeln. Die Erfüllung des uralten Traums trifft sie in der Erfüllung von Märchenwünschen auf eine Konstellation, in der der erträumte Segen sich als Fluch auswirkt. Denn es ist ja eine Arbeitsgesellschaft, die von den Fesseln der Arbeit befreit werden soll, und diese Gesellschaft kennt kaum noch vom Hörensagen die höheren und sinnvolleren Tätigkeiten, um derentwillen die Befreiung sich lohnen würde. (Arendt, Hannah, 2001, 12)

Die Suche nach der *Sinnhaftigkeit* der Tätigkeiten in ihrer isolierten Form wird in einer Freizeitindustrie, wenn sie finanzierbar ist, abgearbeitet. *Nahrungsbereitstellung* wird an Nahrungsmittelketten, *Gesundheitsfürsorge* wird an ein Gesundheitssystem, *Bildung* wird an ein Bildungssystem, *Ver-*

---

[118] vgl. Paradox der Marx'schen Ausführungen, die Menschen als arbeitende Wesen schlechthin zu definieren, um sie letztendlich von dieser Arbeit zu befreien (Arendt, 2001, 123). Bedeutend ist aber auch, dass der Begriff der Arbeit in der Zwischenzeit eine Wandlung durchgemacht hat. Während unter Arbeit vorher noch v.a. Subsistenzarbeit verstanden wurde, meint Marx unter der Arbeit im Wesentlichen Lohnarbeit.

antwortung wird an soziale Einrichtungen abgegeben. Sich mit diesen Dingen nebenbei zu beschäftigen wird zum Luxus. Gleichzeitig wird ein Sektor der „neuen Berufe" ausgebaut, unter deren Namen sich niemand mehr etwas vorstellen kann.
Wenn die Arbeit der Frauen und Männer (v.a. die der KleinbäuerInnen in so genannten *Entwicklungsländern*, aber auch vieler *ArbeiterInnen* überall auf der Welt) kein Feld (gemeint ist der ökonomische Raum, aber auch der bäuerliche Acker) mehr hat, das die Basis des so genannten *freien Lebens* ermöglicht – weil Land im Eigentum verdichtet und Arbeit mittels Maschinen *überwunden* wird –, kommt auch dieses freie Leben in Bedrängnis. Die uns umgebende außermenschliche Natur wird durch industrielle Wirtschaft und Landwirtschaft immer mehr beeinträchtigt. Damit verbunden erfährt die Qualität von Nahrung, Wasser und Luft Beeinträchtigungen. Obwohl wir *Überproduktion* schaffen, können sich viele Menschen nicht angemessen ernähren, weil ihnen die Zugangsrechte zu ihren Arbeitsfeldern fehlen, um sich selbst zu ernähren und sie darauf hoffen müssen, *ernährt zu werden*, also zu einem passiven Teil der Gesellschaft werden, der weder zu „notwendiger" Arbeit, noch zum „nützlichen" Herstellen Zugang hat. Damit verfügen diese Menschen auch nicht über die Basis, sich handelnd zu betätigen, weil soziale, ökonomische und politische Komponenten ihre Verwirklichungschancen einschränken und sie zu „working poor" oder tatenlosen Empfängern machen.

3.3.1 Subsistenzarbeit oder Probleme-lösen
Die Frage, was wir eigentlich tun, wenn wir tätig sind, ist noch nicht ausreichend beantwortet. Ich möchte hier das *Tätigsein* der Trennung von Arbeiten, Herstellen und Handeln entgegensetzen und zwei andere "Arbeitsbegriffe" ins Blickfeld führen:
1. Subsistenzarbeit (angelehnt an den Arbeitsbegriff von Maria Mies) und
2. Arbeiten als Probleme-lösen (angelehnt an den Arbeitsbegriff von Manfred Füllsack).
Hannah Arendt definiert die griechische Auffassung von *Arbeit* als jenen Teil der Tätigkeiten, welcher lebens-erhaltend, re-produzierend ist. Sie spannt mit ihren Ausführungen einen großen Bogen der gesellschaftlichen Entwicklung aus der europäischen Sicht auf den Bereich *Arbeit*: Der vorerst noch *subsistent* verstandene Begriff entwickelt sich immer mehr zu dem, was wir heute unter der arbeitsteiligen Lohnarbeit verstehen, welcher mit dem anfänglichen – viele Tätigkeitsbereiche umfassenden und lebenserhaltenden – Arbeitsbegriff nichts mehr zu tun hat. Wenn wir heute von Arbeit sprechen, so meinen wir in erster Linie Lohnarbeit, welche zwar insgesamt auch verschiedene Tätigkeitsbereiche umfasst, die aber in der arbeitsteiligen Form oft nur in Arbeitsstücken von einer Person geleistet wird. Diese Arbeit beschreibt Hannah Arendt wie folgt:

> Die Arbeitsteilung beruht [...] darauf, daß jede der aufgeteilten Arbeiten qualitativ gleich ist und daß daher für keine von ihnen eine besondere Fertigkeit erforderlich ist; an sich selbst bringt keine dieser geteilten Arbeiten irgend etwas zustande, jede von ihnen entspricht lediglich einem bestimmten Quantum von Arbeitskraft, das sich mit den anderen Quanten zu einer Gesamtsumme addiert. Daß dies möglich ist, geht auf die Tatsache zurück, daß zwei Menschen ihre körperlichen Kräfte zugleich und in Übereinstimmung ansetzen können, wobei sie in der Tat „sich zusammen verhalten, als ob sie einer wären". Dies Eins-Sein ist das genaue Gegenteil aller eigentlichen Ko-operation, die gerade auf der Verschiedenheit der Ko-operierenden beruht (Arendt, Hannah, 2001, 145).

Dies trifft sicher nicht auf alle Lohnarbeiten zu und hat v.a. Formen der Fabrikarbeit im Blick, fängt aber doch einen gewissen Aspekt der Spezialisierung ein. Die Darstellung der Arbeit bei Maria Mies fasst den Begriff aber in seiner *ursprünglichen Form* als "Subsistenzproduktion"[119] auf, welche sie der Lohnarbeit entgegenstellt. Ihr Arbeitsbegriff ist Teil eines *Gesellschaftsentwurfes*, welcher laut ihrer Definition voraussetzend *ökologisch* und *frauenbefreiend* wirkt und "nicht ohne der Aufhebung der Ausbeutung der Dritten Welt geschehen kann" (Mies, 1987, 39). Ziel ihres Entwurfes ist die Herstellung von *reziproken, nicht-hierarchischen Beziehungen innerhalb einer begrenzten Welt* und "zwar auf allen Ebenen: zwischen den einzelnen Teilen unseres Körpers, zwischen Mensch und Natur, zwischen Frauen und Männern, zwischen Teilen der Gesellschaft, zwischen verschiedenen Völkern." Dies sei "nicht nur eine ethische, sondern eine Überlebensfrage". Im Gegensatz zum Freiheitsbegriff der griechischen Polis, welcher in der Freiheit von Naturzwängen bestand, bedeutet dieser für Maria Mies die "Freiheit von Ausbeutung und Unterdrückung *durch Menschen*" (Mies, 1987, 41). Ihre Sicht der Arbeit richtet sich gegen das Modell, "*Arbeit als notwendige Last*" zu sehen, welche, für die Möglichkeit einer angestrebten Freizeit, auf ein Minimum reduziert werden soll[120], hin zu einer Arbeit, welche im Gleichgewicht zwischen *Lust und Last*[121] steht, einer „anderen Ökonomie der Zeit" folgt, „menschlich-gesellschaftliche Beziehungen" schafft und in „Interaktion mit der Natur" erfolgt. Die Freude der Kontemplation ruht hier somit nicht auf der Last der Tätigkeit anderer – zumindest nicht als einseitige, ausbeutende Last. Die Würde aller liegt damit vor allem auch im Ausgleich dieses Verhältnisses.

---

119 Mies, Maria, „Konturen einer öko-feministischen Gesellschaft. Versuch eines Entwurfs", in: Die Grünen im Bundestag/Arbeitskreis Frauenpolitik (Hrs.), *Frauen & Ökologie. Gegen den Machbarkeitswahn*, Kölner Volksblatt, Köln, 1987.

120 vgl. Reduktion der Arbeit auf 20.000 Lebensarbeitsstunden durch technischen Fortschritt bei Gorz, André, *Wege ins Paradies*, Rotbuch, Berlin, 1984. Die Reduktion der Arbeit zu Gunsten der Freizeit ist hier im Blickfeld des utilitaristischen Modells zu sehen, welches in der Vermehrung der Lust- und Reduktion der Unlustgefühle besteht.

121 Bei Hannah Arendt als "Gleichgewicht zwischen Arbeit und Konsum" bezeichnet (Arendt, 2001, 158).

> Im herrschenden Arbeitsbegriff gilt direkte sinnliche Berührung mit der Natur als "rückständig" und soll möglichst eliminiert werden. Immer mehr Maschinen schieben sich zwischen den menschlichen Körper und die Natur. Diese Maschinen geben dem Menschen zwar Herrschaft über die Natur, sie zerstören aber auch zunehmend seine eigene Sinnlichkeit, die ja an seinem Körper und dessen Fähigkeit, mit anderen lebenden Körpern zu kommunizieren, hängt. Damit wird aber auch die Fähigkeit für Genuß, für sinnliche und erotische Befriedigung zerstört. Da unser Körper aber stets die Grundlage für Genuß und Glück sein wird – wir sind eben keine reinen Geister oder Maschinen – müssen wir daran festhalten, daß die sinnliche, körperliche Interaktion mit der Natur Bestandteil der Arbeit bleibt. (Mies, 1987, 44)

Die Arbeit bei Maria Mies soll vor allem die Dualität von Reproduktion des Lebens und Produktion aufheben, wodurch hierarchische Strukturen aufgebrochen werden sollen. Das aktive Element der Tätigkeit, die sie Arbeit nennt, besteht vor allem in der wesentlichen Selbstbestimmung und ethischen Struktur. Ihr Arbeitsbegriff enthält damit auch wesentliche Anteile an den anderen Tätigkeitsbereichen der Vita activa und lässt auch Ruhephasen zu, die Zeit für Kontemplation ermöglichen. Damit steht ihr Arbeitsbegriff für eine Sicht, die nicht andere für die eigene Ruhe und Kontemplation *schuften* lässt und die utilitaristische Lust in der *Abwesenheit von Schmerz* nicht durch die Last (Schmerzen) der anderen erkauft. „Arbeiten hieß" im griechischen Altertum „Sklave der Notwendigkeit sein".

> Da die Menschen der Notdurft des Lebens unterworfen sind, können sie nur frei werden, indem sie andere unterwerfen und sie mit Gewalt zwingen, die Notdurft des Lebens für sie zu tragen. (Arendt, Hannah, 2001, 101)

Eine *moderne* Form dieser Abwälzung der Notdurft liegt z. B. in niedrigen Lebensmittelpreisen, welche den KonsumentInnen *Freiheit* verschafft, den ProduzentInnen aber die Last aufbürdet, welche ihre Verwirklichungschancen oft massiv einschränken.

Daraus ergeben sich zwei zu berücksichtigende Seiten: Einerseits die Sicht der *arbeitenden Person*, welche in einer Verbindung von unterschiedlichen Tätigkeits- und Ruhephasen, von *Notwendigem, Nützlichem und Erhabenem*, von *Selbst-tätigem* und *Sozialem*, eine Verwurzelung in und eine Ahnung von einem komplexen Gefüge verspürt, das sich nicht in eine natürliche und künstliche Welt trennen will.

Andererseits die sozial-ethische Komponente, welche keine hierarchische Trennung der Tätigkeitsbereiche vornimmt, die auf einer Ausbeutung der menschlichen und nichtmenschlichen Natur aufbaut.

Manfred Füllsack liefert eine andere Art der Beschreibung: Arbeit als "Versuch, Probleme zu lösen"[122], stellt einen sehr weit gefassten Arbeitsbegriff dar, mit dem sämtliche Tätigkeiten bezeichnet werden können und zeigt in einer sehr allgemeinen Weise auf, was wir eigentlich tun, wenn wir tätig sind: wir lösen Probleme, die sich uns stellen.[123] Warum dieser Arbeitsbegriff für die vorliegenden Überlegungen von Bedeutung ist, liegt gerade in seiner Allgemeinheit, da er nicht mit einer bestimmten Gruppe in Verbindung gedacht wird und von seiner Bewertung her einen relativ neutralen Status einnimmt. Wie Manfred Füllsack zeigt, steht seine Beschreibung auch in einer scheinbar paradoxen Situation: einerseits wird die *Arbeit* mit jeder Problemlösung weniger, andererseits erschließt jede Problemlösung weitere neue Problemfelder und vermehrt daher den Bereich der Arbeit. Diese Spannung zwischen Problemlösung und Problemerschließung baut bereits auf Problemlösungsfeldern auf, die wir aus unserer gesellschaftlich-kulturellen Einbindung übernehmen:

> Jede Problemlösung baut vielmehr immer schon auf einer Vielzahl anderer Problemlösungen auf, die gewöhnlich schon früher von andern Mitgliedern der Gesellschaft gefunden worden sind und dann im kollektiven Gedächtnis, in der Kultur der Gesellschaft aufbewahrt und weitergegeben werden. (Füllsack, 2002, 18) Gesellschaftlich relevante Problemlösungen eignen sich nämlich in der Regel dazu, mehr als nur das einzelne, unmittelbar anstehende Problem zu lösen, für das sie ursprünglich gefunden worden sind. (Füllsack, 2002, 19)

Aus diesem Grund lassen sich Problemlösungen auch in *zeitlicher* und *räumlicher* Hinsicht transferieren und bilden zusammen äußerst komplexe Problemlösungen, welche "bereits eine unübersehbare Vielzahl von Detailproblemlösungen" voraussetzen, "an deren Zustandekommen, so könnte man sagen, *die gesamte bisherige Menschheit mitgearbeitet hat*" (Füllsack, 2002, 20).

Während Maria Mies aufzeigt, dass ein Gutes Leben gerade nicht durch die Trennung der Tätigkeiten und ihrer Zuordnung zu verschiedenen Gruppen erreicht wird, sondern die vielseitige Verbindung unterschiedlicher Tätigkeitsbereiche, welche in einem Gleichgewicht zwischen Last und Lust und in keiner hierarchischen Zuordnung stehen, die Fülle

---

122 Füllsack, Manfred, Leben ohne zu arbeiten? Zur Sozialtheorie des Grundeinkommens, Avinus, Berlin, 2002.
123 Auch Karl R. Popper verwendet diese Beschreibung in seinem Buch "Alles Leben ist Problemlösen". In erster Linie lenkt er seinen Blick auf die Wissenschaft, welche mit der "Methode von Versuch und Irrtum" Wege sucht, Probleme zu lösen, in dem sie *Irrtümer* eliminiert (Falsifikation). In weiterer Folge bezeichnet er aber auch "das Verfahren, das ein niederer Organismus und sogar die einzellige Amöbe verwendet" als Probleme-lösen, wobei höhere Organismen "durch Versuch und Irrtum *lernen*" können, "wie ein bestimmtes Problem zu lösen ist" (Popper, 1997, 15).

des Wohlseins ausmachen, bietet der Blick von Manfred Füllsack auf die Arbeit als Form, die Probleme des Lebens zu lösen, eine Möglichkeit, Problemlösungsstrategien außerhalb des Lohnarbeitssektors, anderer historischer Zeiten und Situationen bzw. anderer Kulturen in den Vordergrund zu stellen und sie als gleichwertige Alternativen zur europäisch dominierten – v.a. wissenschaftlichen – Problemlösungsprä-ferenz für zukünftige Problemfelder einzubeziehen. Dies ist gerade in einer immer stärker globalisierten Welt von entscheidender Bedeutung, verändert aber andererseits auch den Blick auf die bereits vergangene Geschichte, deren AkteurInnen uns mit Problemlösungen ausgestattet haben – welche sicher nicht nur in Europa gefunden wurden – auf denen unsere Gesellschaften aufbauen und aus deren Ergebnissen wir lernen können.

Manfred Füllsack verweist auf Erfindungen wie das Rad oder Zündhölzer, die auf verschiedenen Detailproblemlösungen aufbauten, gleichzeitig aber Basis vieler unterschiedlicher weiterer Problemlösungen waren (vgl. Füllsack, Manfred, 2002, 20).

Amartya Sen gibt zwei weitere Beispiele dafür, die sich auf Indien beziehen:

> Das Gerede von „nationaler Tradition" dient häufig dazu, die Geschichte der äußeren Einflüsse auf die verschiedenen Traditionen zu verdrängen. Chili beispielsweise ist nach unserem Verständnis ein Hauptbestandteil der indischen Küche – für manche geradezu so etwas wie ihre „Erkennungsmelodie" -, dennoch bleibt es eine Tatsache, daß Chili in Indien unbekannt war, bis die Portugiesen es vor erst wenigen Jahrhunderten dort einführten (die altindische Küche benutzte Pfeffer, nicht Chili). Deswegen sind die Currygerichte im Indien von heute aber nicht weniger „indisch". (Sen, Amartya, 2003, 290)

Und schließlich, muss hier noch eingefügt werden, stammt ja Chili (Paprika) auch nicht aus Portugal, sondern aus Amerika und wurde bereits dort lange Zeit vor den Portugiesen kultiviert.

Das zweite Beispiel bezieht sich auf einen Begriff der Mathematik:

> Man nehme nur den Begriff „Sinus" aus der Trigonometrie, der unmittelbar über die Briten in Indien eingeführt worden ist. Genetisch weist er dabei eine bemerkenswerte indische Komponente auf. Ariabhata, der große indische Mathematiker des 5. Jahrhunderts, hatte die Sinusfunktion schon erörtert und auf Sanskrit *jya-ardha* („halbe Sehne") genannt. (Sen, Amartya, 2003, 291)

In der Folge zitiert Sen Howard Eves, welcher anhand des Wortes ableitet, wie aus dem indischen Begriff ein arabischer und dann ein lateinischer wurde.

Der Problemlösungsblick auf Arbeit ermöglicht auch die weit reichenden praktischen Gartenbaukenntnisse einer analphabetischen interkulturellen Gärtnerin zu würdigen, welche ohne Garten keine Anwendung finden und der es gar nicht möglich wäre, diese in eine schriftliche Form zu bringen. Deshalb sind sie aber nicht weniger wertvoll. Der Rahmen der interkulturellen Gärten ermöglicht auch einen Vermittlungsraum für gerade dieses „unschriftliche" Wissen.

3.3.2 Wie aus BäuerInnen ArbeiterInnen werden oder die unfreiwillige Entfremdung

Betrachten wir die geschichtliche Entwicklung der Arbeit im Hinblick auf die *Entfremdung* des Menschen vom aktiven Naturzugang, so erscheint diese nicht immer eine freiwillige gewesen zu sein. Dabei hatte vor allem die Einführung der *Lohn*arbeit – sofern überhaupt *Lohn*, so wie wir ihn heute verstehen, gezahlt wurde – eine entscheidende Rolle gespielt, welche durch die Veränderung von Herrschafts- und in weiterer Folge von Gesellschaftsstrukturen entstand. Die Transformation einer landwirtschaftlich geprägten Tätigkeit – welche auf Suffizienz aufbaute – in eine fremdbestimmte *Lohn*arbeit war und ist in vielen Fällen das Ergebnis von Drucksituationen, wofür geänderte äußere Bedingungen verantwortlich sind. Olaf Bockhorn, Ingeborg Grau und Walter Schicho geben in ihrem Sammelband „Wie aus Bauern Arbeiter wurden. Wiederkehrende Prozesse des gesellschaftlichen Wandels im Norden und im Süden einer Welt" einen vergleichenden Überblick, wie Subsistenz weltweit von fremdbestimmter Lohnarbeit abgelöst wurde. Es ist kein romantisierender Blick auf die harten landwirtschaftlichen Tätigkeiten, es geht v.a. darum, zu zeigen, dass, welche Erfolge und Misserfolge die heutige Lohnarbeitswelt auch immer zu verzeichnen hat, die Fremdarbeit in den meisten Fällen unter Zwang eingeführt wurde und damit für den Rückgang der Subsistenz verantwortlich ist.[124] Neben dem tatsächlich persönlichen Zwang zur Lohnarbeit, der direkt ausgeübt wurde, um Arbeitskräfte für die neuen Fabriken zu gewinnen, waren es v.a. die ökonomischen und politischen Bedin-

---

124 Walter Schicho zitiert einen Zeitzeugen einer Zwangsrekrutierung in Katanga: „Als man mich erwischte, war ich 17 Jahre alt. Die Anwerber kamen sehr früh morgens, als ich noch im Bett war. Sie waren mit Lanzen und Keulen bewaffnet. Sie traten meine Tür ein und überraschten mich. Sie wurden von unserem Dorfchef geführt. Der haßte mich, und meinen Vater hatte ich bereits verloren. Sie banden mir die Hände auf den Rücken und schickten mich zur Behörde des Bezirks Rushuru. Da angekommen, wurden wir für die verschiedensten Arbeiten eingesetzt. Sand schaufeln, Häuser bauen, Ziegel tragen u.a. Die Arbeit begann um 7 Uhr und dauerte bis 17 Uhr, ohne daß wir einhalten konnten um zu essen. Wenn wir alle zwei Wochen ins Dorf zurückkehrten, um uns mit Lebensmitteln zu versorgen, ließ man uns von einem Capitao begleiten, der uns dem Chef meldete und dieser wiederum mußte auf uns aufpassen." (Schicho, Walter, „Die Bergbaugebiete Katangas 1900-1980 – Koloniale Verwaltung, koloniale Wirtschaft und Mission machen aus Bauern Arbeiter", in: Bockhorn, u.a. (Hrsg.), *Wie aus Bauern Arbeiter wurden*, 1998, 138)

gungen, welche Druck auf die Menschen ausübten. Dazu gehören der Entzug von vorher bebautem Land oder fruchtbarem und eigenem, *sortenreinem* Saatgut, monetäre Forderungen, welche durch subsistent arbeitende Familien nicht eingebracht werden konnten und allgemein wirtschaftlicher Druck durch technischen Fortschritt und Preisverfall (v.a. hervorgerufen durch kapitalistische (globale) Strukturen), Gewalt gegen Personen in verschiedenen Herrschaftsformen sowie *Umweltzerstörung*. Die Fremdarbeit war anfangs oft eine zeitlich begrenzte und v.a. auch von ihrem Tätigkeitsfeld her eine eingeschränkte Arbeit, für welche wenige Qualifikationen notwendig, die aber manchmal mit einem hohen persönlichen Risiko verbunden waren. Bei fast allen Beispielen, welche in dem oben genannten Sammelband besprochen werden, zeigt sich trotz unterschiedlicher Ausgangsbedingungen eine ähnliche Entwicklung: da, wo der eigene Landbesitz nicht oder nicht mehr ausreicht, das Leben zu erhalten oder wo gar kein Land zu Verfügung steht, muss fremdbestimmte Arbeit angenommen werden. Selten aber bedeutet dies eine Verbesserung. Meist verlassen die kräftigsten Mitarbeiter die Familie und den restlichen Familienangehörigen – dies sind meist Frauen – bleibt die *heimatliche landwirtschaftliche* Subsistenzarbeit, die aber für die Ausgezogenen häufig noch ein Bindeglied zur *Heimat* und einen wesentlichen und lebenserhaltenden Rückhalt bieten, da die erwirtschafteten Löhne nicht immer reichen, das Leben in der Stadt zu erhalten. Häufig müssen aber Frauen auch noch zusätzlich zur Subsistenzarbeit Fremdarbeit annehmen, um die lebenserhaltenden Bedürfnisse zu decken. Wenn die Landwirtschaft so nicht mehr aufrecht erhalten werden kann, verlieren sowohl die *ausgezogenen* Arbeiter als auch die ursprünglich zurück gebliebenen Familienangehörigen ihren Bezug zur subsistent landwirtschaftlichen Tätigkeit und damit oft auch die Fähigkeit, selbst für ihre angemessene Ernährung Sorge zu tragen, wenn die *Fremdarbeit* die lebenserhaltenden Kosten und die Kosten eines Guten Lebens nicht abdecken kann.

Im Laufe der Entwicklung stieg mit immer stärkerem, maschinellem Einsatz der *Natur*verbrauch massiv an, was den vorher beschriebenen Prozess noch vorantreibt.

Diese Entwicklung ist nicht nur in kolonialisierten Ländern zu finden, sondern zeigt sich auch im Laufe der industriellen Entwicklung Europas: jene, welche Land besitzen und davon leben können, sind selten in der industriellen Lohnarbeit zu finden. Elisabeth Meyer-Renschhausen beschreibt die Verarmung und Abwanderung von ländlicher Bevölkerung in die Städte Preußens wie folgt:

> Als Preußen im frühen 19. Jahrhundert die sogenannte Bauernbefreiung durchführte, verpflichtete es die freiwerdenden Bauern, die Hälfte oder ein Drittel ihres Landes an ihre ehemaligen Herren als Entschädigung abzutreten. Preußen schob damit alle kleinen Bauern in die Schuldenfalle, unter der sie bis heute lei-

den. Eine Bereicherung der Großen auf Kosten der Besitzlosen bedeutete das Aufheben der Allmendrechte der Häusler, Kötter und anderer landloser Landbewohner zugunsten der Ritter auf den großen Gütern. [...] Die Expropriierten zogen in die Stadt, als eine neue Gruppe Armer, für die nun die Gemeinden als Kommunen aufkommen mußten.[125]

Der während der industriellen Entwicklung entstandene "Bevölkerungsüberschuss" der frühen Industrieländer konnte aber auch noch in einem viel größeren Ausmaß "exportiert" werden, als das für die "heutigen Entwicklungsländer möglich ist"[126]. Damit wurden auch einige europäische Problemfelder in ein *Ausland* verschoben, von dem zusätzlich Profite abgeschöpft werden konnten.

Heute besteht eine starke Abhängigkeit der BäuerInnen von den großen multinationalen Konzernen, mit denen sie vertragliche Vereinbarungen eingegangen sind, aus welchen sie nicht mehr herauskommen. Einige Bauern haben sich das Leben genommen, weil ihre Schulden so hoch waren, dass sie keine Aussichten sahen, diese abzubauen. Dies beschreibt Vandana Shiva für Bauern in Indien:

> Bauern, die traditionellerweise Hülsenfrüchte, Hirse und Reis angebaut haben, wurden von den Saatgutfirmen dazu verleitet, Hybrid-Baumwollsaaten zu kaufen, die man ihnen als „weißes Gold" angepriesen hatte, das sie zu Millionären machen würde. Stattdessen wurden sie zu Almosenempfängern.
> Einheimische Saaten wurden durch neue Hybridarten ersetzt, aus deren Ernte kein neues Saatgut gewonnen werden kann und die jedes Jahr zu hohen Preisen neu gekauft werden müssen. Hybridpflanzen sind auch sehr anfällig für Schädlinge. Die Ausgaben für Schädlingsbekämfungsmittel sind in Warangal zwischen den 80er Jahren und 1997 um 2.000 Prozent von $ 2,5 Millionen auf $ 50 Millionen gestiegen. Heute schlucken Bauern eben diese Pestizide, um sich umzubringen und damit auf Dauer den nicht zu bewältigenden Schulden zu entfliehen. (Shiva, Vandana, 2003, 87)

Bereits Mitte des 19. Jahrhunderts – also in der vorkolonialen Zeit – wurde in Afrika für den Export gearbeitet (Erdnüsse, Palmfrüchte, Kakao usw.), was meist mit Saisonarbeit verbunden war. Arbeiten für den Export wurden anfangs zeitlich begrenzt ausgeführt, um kurzfristig Geld für besonde-

---

125 Meyer-Renschhausen, Elisabeth, „Von der Kleinbäuerin zur Kleingärtnerin – Der Nutzgarten in der Hauswirtschaft in Mitteleuropa im 19. und 20. Jahrhundert.", in: Hubenthal, Heidrun, Spitthöver, Maria (Hrsg.), *Frauen in der Geschichte der Gartenkultur*, Universität Kassel, 2002, 45-46.
126 Wöhlcke, Manfred, „Bevölkerungswachstum und Globalisierung: Eine unterschätzte Konfliktdimension", in: Tetzlaff, Rainer (Hrsg.), *Weltkulturen unter Globalisierungsdruck. Erfahrungen und Antworten aus den Kontinenten*, Dietz, Bonn, 2000, 69.

re Anlässe (Eheschließung, Begräbnis usw.) aufzutreiben, und bedeuteten eine Ergänzung zur Grundversorgung. Mit der Kolonialisierung stieg der Druck, monetäre Einnahmen zu erwirtschaften, um verschiedene koloniale Abgaben leisten zu können. Obwohl die Arbeit in den Städten als hart und demütigend empfunden wurde, was ein Ausspruch aus Burkina Faso deutlich macht: "Die Arbeit des weißen Mannes frißt den Menschen auf"[127], galt es für Männer auch als Statussymbol, in der Stadt zu arbeiten. Gleichzeitig waren die Menschen gezwungen, durch die Auswirkungen des steigenden Bevölkerungsdrucks und die Bodenknappheit, welche nicht mehr für das Überleben der Familien ausreichte, sich Fremdarbeit zu suchen.[128]

> Seit der Zwischenkriegszeit unterschieden sich Arbeitsverpflichtung und Zwangsarbeit nicht mehr so deutlich von „freiwilliger Arbeit", denn die Arbeiter konnten nicht anders, als das Geld für die Steuern zu verdienen und den Bedürfnissen nachzukommen, die ihnen durch das koloniale Leben aufgezwungen wurden. (Coquery-Vidrovitch, Catherine, in: Bockhorn, u.a., 1998, 89)

Je länger die Arbeiter in der Stadt waren, desto schwieriger ist eine Reintegration, wenn sie wieder in die Dörfer zurückkommen, oft gelten sie als sog. "Destabilisierte".

> Die Ausplünderung des Landes durch transnationale Unternehmen in der Nachfolge der kolonialen Gesellschaften und die einheimische Freibeuterklasse schuf für die Masse der Bevölkerung Lebensbedingungen, wie sie zu Beginn der Kolonisierung nicht schlechter waren. (Schicho, Walter, in: Bockhorn, u.a., 1998, 148)

Heute wird versucht eine Entwicklung aufzugreifen, welche sich in Afrika zu Beginn der Kolonisierung abzuzeichnen begann: das Entstehen von "selbständigen Kleinunternehmern oder marktorientierten landwirtschaftlichen Produzenten" soll gefördert werden.[129]

---

127 Coquery-Vidrovitch,Catherine, „Vom Bauern zum Arbeiter im Afrika südlich der Sahara", in: Bockhorn, Olaf, Grau, Ingeborg und Schicho, Walter (Hrsg.), *Wie aus Bauern Arbeiter wurden. Wiederkehrende Prozesse des gesellschaftlichen Wandels im Norden und im Süden einer Welt.*, Brandes & Apsel, Frankfurt am Main, 1998, 89.
128 vgl. Grau, Ingeborg, „Arbeit und Gender in Südnigeria",in: Bockhorn, Olaf, Grau, Ingeborg und Schicho, Walter (Hrsg.), *Wie aus Bauern Arbeiter wurden. Wiederkehrende Prozesse des gesellschaftlichen Wandels im Norden und im Süden einer Welt.*, Brandes & Apsel, Frankfurt am Main, 1998, 101 – 126.
129 vgl. Schicho, Walter, „Die Bergbaugebiete Katangas 1900 – 1980. Koloniale Verwaltung, koloniale Wirtschaft und Mission machen aus Bauern Arbeiter", in: Bockhorn, Olaf, Grau, Ingeborg und Schicho, Walter (Hrsg.), *Wie aus Bauern Arbeiter wurden. Wiederkehrende Prozesse des gesellschaftlichen Wandels im Norden und im Süden einer Welt.*, Brandes & Apsel, Frankfurt am Main, 1998, 127 – 151.

Die Grundbesitzverhältnisse in Nordostbrasilien bestehen aus Latifundien und Minifundien[130]. Durch diese Gliederung bestehen stark hierarchische Besitzverhältnisse, welche sich zunehmend ausweiten. Bereits im 16. Jahrhundert machten Großgrundbesitzer hohe Gewinne mit Zuckerrohrplantagen in den fruchtbaren küstennahen Regionen, für welche auch afrikanische Sklaven eingesetzt wurden, und der Landbesitz konzentrierte sich immer mehr. Hier entstanden Machteliten, welche bis ins 20. Jahrhundert ihre Stellung halten konnten, da mit der Unabhängigkeit Brasiliens 1822 die Grundbesitzrechte gesetzlich verankert wurden. Die besten Böden wurden jeweils immer für die exportorientierten Plantagen und Monokulturen verwendet.

Die zunehmende „Kapitalisierung des Bodens" und damit verstärkte kommerzielle Nutzung des Landes bewirkte eine Einschränkung der Subsistenzflächen, was für die unteren Schichten der ländlichen Bevölkerung den Verlust von Ackerland und den Zwang zur Lohnarbeit bedeutete:

> Der Wandlungsprozeß, dem diese Menschen durch die Veränderung in der Agrarproduktion unterworfen wurden, ist einerseits als Entwurzelung zu charakterisieren – Verlust des Zugangs zu bebaubarem Land – und andererseits als Proletarisierung – Druck oder Zwang zur Bestreitung des Lebensunterhalts durch Lohnarbeit.[131]

Fassen wir die Bilder zusammen, so ist in den meisten Fällen nicht von einer *Entwicklung* vom *Bauern zum Arbeiter* zu sprechen, sondern von einem Verlassen der Landwirtschaften aus meist ökonomischen Gründen. Oft wurde die Bindung zur zurückgelassenen Familie aus Gründen der Selbstversorgung, die z. T. in den Städten nicht gegeben war, lange aufrecht erhalten bzw. nicht gelöst. Der Zwang entstand in erster Linie aus einer hierarchischen Konstellation heraus, weil das Land gepachtet wurde und Pacht und Abgaben so sehr anstiegen, dass sie nicht mehr aus eigener landwirtschaftlicher Tätigkeit erwirtschaftet werden konnten oder sich die Menschen auf Grund von Kolonialsteuern oder Vertragsverpflichtungen verschuldeten und so ihr Land verkaufen mussten. Aber auch die Qualität des Bodens, die durch Umsiedlungen oder Umweltverschmutzungen nicht mehr für die Lebenserhaltung ausreichte, war ein Grund, warum

---

130 Latifundien: Großgrundbesitz in Lateinamerika, wobei die Arbeitskräfte in starker Abhängigkeit zum Großgrundbesitzer leben. Die Arbeitskräfte der Latifundien bewirtschaften oft landwirtschaftliche Kleinbetriebe, welche als Minifundien bezeichnet werden und zu ihrer Eigenversorgung dienen.
131 vgl. Häuptli, Rudolf, „Ländliche Gesellschaften in Nordostbrasilien: Entwurzelung und Proletarisierung", in: Bockhorn, Olaf, Grau, Ingeborg und Schicho, Walter (Hrsg.), *Wie aus Bauern Arbeiter wurden. Wiederkehrende Prozesse des gesellschaftlichen Wandels im Norden und im Süden einer Welt.*, Brandes & Apsel, Frankfurt am Main, 1998, 153.

Menschen ihre Heimat verließen und in die Städte zogen, um dort zu arbeiten. Die vollständige Aufgabe des kleinbäuerlichen selbstversorgenden Lebens im aktiven Naturzugang basierte im Großteil der Fälle durch Druck von außen.

Heute setzt sich der Prozess der Urbanisierung und Industrialisierung weltweit fort:

> Bis heute werden ländliche Subsistenzwirtschaften geopfert, wenn die Staudämme Profit für die industrielle Landwirtschaft zu bringen verspricht, egal ob in türkisch Kurdistan, in Indien oder Brasilien, wo überall vor allem kleine Subsistenzbauern und Bäuerinnen ihre Existenz verlieren. Die so enteigneten mussten in die Städte und gerieten dort in die Bretterbudensiedlungen am Rand, Slums oder Favelas, wie auch Berlin sie 1880 – etwa am heutigen Cottbusser Platz – hatte. Ihre Versorgung wurde zur ständigen Sorge der dafür finanziell unzureichend ausgestatteten städtischen Armenpflege.[132]

3.4 Arbeitslosigkeit[133] und Naturzugang

3.4.1 Handeln oder Erdulden

Wer sich handelnd aus einer misslichen Lage herausbringt, verliert durch die Notsituation nicht seine Souveränität, wem die Möglichkeit des Handelns genommen wird, verliert damit auch Eigenmacht, über sein Leben selbst zu bestimmen.

Damit ist eine Situation beschrieben, in welcher sich viele Menschen befinden, welche durch unterschiedliche Konstellationen in die Situation der nicht selbst gewählten *Arbeitslosigkeit* geraten sind, v.a. wenn sie in einer als *Arbeitsgesellschaft* definierten Umgebung leben. Arbeitslosen- oder NotstandshilfeempfängerInnen oder AdressatInnen von Hilfspaketen - deren Wert im einzelnen Fall, wo sie kurzfristige Nothilfen sind, hier nicht geschmälert werden soll - befinden sich in einer Situation eines *unfreiwilligen Notstandes*, und oft fühlen sie sich in einer Lage, welche ihnen keine Möglichkeiten lässt, ihre Fähigkeiten zur Eigenaktivität einsetzen zu können.

> Da Menschen nicht von ungefähr in die Welt geworfen werden, sondern von Menschen in eine schon bestehende Menschenwelt geboren werden, geht das Bezugsgewebe menschlicher Angelegenheiten allem einzelnen Handeln und Sprechen voraus, so daß sowohl die Enthüllung des Neuankömmlings durch das Sprechen wie der Neuanfang, den das Handeln setzt, wie Fäden sind, die in ein bereits vorgewebtes Muster geschlagen werden und das Gewebe so verändern,

---

132 Meyer-Renschhausen, Elisabeth, in: Hubenthal u.a. (2002), 47.
133 Laut ILO waren 2005 weltweit 191,8 Millionen Menschen arbeitslos. (vgl. Spiegel online, http://www.spiegel.de/wirtschaft/0,1518,397125,00.html, 24.1.06)

wie sie ihrerseits alle Lebensfäden, mit denen sie innerhalb des Gewebes in Berührung kommen, auf einmalige Weise affizieren. Sind die Fäden erst zu Ende gesponnen, so ergeben sie wieder klar erkennbare Muster bzw. sind als Lebensgeschichten erzählbar. (Arendt, Hannah, 2001, 226)

Handeln bedeutet – in Hannah Arendts Worten – Fäden in das gesellschaftliche Gewebe einschlagen. Sehe ich keine Möglichkeiten zu handeln, verringern sich auch meine Möglichkeiten, Fäden in ein *vorgewebtes Muster* einzuschlagen und damit am aktuellen gesellschaftlichen Muster aktiv mitzuwirken. Meine Teilnahme am aktiven Geschehen besteht dann in der aktiven Wahrnehmung meiner Situation durch andere. Noch immer werden Arbeitslose als Verlierer gesehen, welche von den „noch Fixbeschäftigten"[134] für ihre Situation selbst verantwortlich gemacht werden, anstatt zu erkennen, dass die Arbeitslosigkeit in vielen Regionen (v.a. auch in Europa) systembedingt voranschreitet.

Die Wahrnehmung von Arbeitslosen als *Untätige* hängt mit der oft synonymen Anwendung von Tätigsein und Lohnarbeit zusammen: Wer nicht lohnarbeitet, ist auch nicht tätig und daher arbeitslos, tatenlos, untätig. Wesentlich ist dabei jedoch die Selbstwahrnehmung.

Können Bedingungen geschaffen werden, welche den Menschen Verwirklichungschancen eröffnen, wieder Fäden in das gesellschaftliche Gewebe zu ziehen und sich als tätige und aktive Wesen zu begreifen, so kann verhindert werden, dass manche Arbeitslose aus der Gesellschaft herausfallen, nämlich auch dann, wenn sie BezieherInnen von Arbeitslosenunterstützung sind.

In einer Gesellschaft, welche sich als Arbeitsgesellschaft, d.h. Lohnarbeitsgesellschaft versteht, werden Tätigkeiten auch nur in diesem Bereich wahrgenommen und honoriert. Aber neben dem formellen Sektor existieren auch andere ökonomische Austauschbeziehungen.

3.4.2 Der informelle Sektor oder Tätigkeiten außerhalb des Bruttoinlandsproduktes

Während die einen von „Formen der organisierten Kriminalität" sprechen, ist es für andere „Notwehr gegen den Staat"[135]; während die einen offiziell der Vollbeschäftigung nachlaufen, sind andere mit der Reproduktion des Lebens zufrieden; während für die einen *Arbeitslosigkeit* eine Schande ist, möchten sich andere dafür bezahlen lassen, dass sie durch ihre Arbeitslo-

---

134 Füllsack, Manfred, *Leben ohne zu arbeiten?*, Avinus, Berlin, 2002, 79.
135 Manning, Stephan, Mayer, Margit, „Praktiken informeller Ökonomie: Eine Einführung", in: Manning, Stephan, Mayer, Margit (Hrsg.), *Praktiken informeller Ökonomie. Explorative Studien aus Berlin und nordamerikanischen Städten*, J.F.-Kennedy-Institut, Freie Universität Berlin, 2004 (http://userpage.fu-berlin.de/~jfkpolhk/).

sigkeit anderen keinen Arbeitsplatz wegnehmen und zu einem „gesunden Markt" beitragen[136].

Die Anstrengungen, welche unternommen wurden, Menschen aus der *Reproduktion* in die *sichtbare Produktion* zu holen, haben dazu geführt, dass Formen der Reproduktion des Lebens, die nicht verschwunden sind, in einen unsichtbaren Bereich, in die so genannte „Schattenwirtschaft" fallen. Diese Sichtweise lässt jedoch weitgehend im Schatten, dass der so genannte *formelle Sektor*[137] nach wie vor auf Tätigkeiten aufbaut, welche „Erträge im formellen Bereich erhöhen bzw. sichern können" (Manning, Stephan, Mayer, Margit, 2004, 7), auch wenn sie „nicht in die Berechnung des Bruttoinlandsproduktes eingehen" (Manning, u.a., 2004, 6)[138]. Für Vandana Shiva ist dies Teil des Systems der Globalisierung:

> Das effizienteste Mittel, um die Zerstörung der Natur, des lokalen Wirtschaftens und der kleinen autonomen ProduzentInnen herbeizuführen, ist es, ihre Produktion unsichtbar zu machen. Frauen, die für ihre Familien und dörflichen Gemeinschaften produzieren, werden als „nicht-produktiv" und „ökonomisch inaktiv" behandelt. DIe Abwertung der Arbeit der Frauen und jener Arbeit, die durch nachhaltiges Wirtschaften geleistet wird, ist das logische Ergebnis eines Systems, das durch das kapitalistische Patriarchat hervorgebracht wurde. Auf diese Weise zerstört die Globalisierung lokale Ökonomien, und die Zerstörung selbst gilt als Wachstum.[139]

Das Bewusstsein, dass der als *formaler Sektor* bezeichnete ökonomische Bereich nicht alle Menschen bei gleichzeitiger *Vernichtung der Arbeit* integrieren kann, tritt immer mehr hervor. Wie uns Manfred Füllsacks Ausführungen zeigen, werden aber nicht die Probleme weniger, sondern diejenigen Gebiete, in denen für Problemlösungen bezahlt wird. Demnach finden sich diejenigen Problemlösungen, welche nicht diesem Sektor zuordenbar sind, im so genannten *informellen Sektor*. Problemlösungen sind sie aber in jedem Fall.

---

136 vgl. Die Glücklichen Arbeitslosen, „...und was machen Sie so im Leben?", in: Beck, Ulrich (Hrsg.), *Die Zukunft von Arbeit und Demokratie*, suhrkamp, Frankfurt am Main, 2000.
137 Jener Teil der Ökonomie, welcher im Bruttoinlandsprodukt erfasst wird (vgl. Manning, Stephan, Mayer, Marit, 2004, 6).
138 „Noch messen Ökonomen die Wirtschaftsleistung eines Landes anhand von statistischen Größen wie dem Bruttoinlandsprodukt, das keinen Ressourcenverbrauch berücksichtigt. Doch wer einen Wald komplett abholzt, steigert zwar kurzfristig den wirtschaftlichen Ertrag, vernichtet aber einen aktiven Posten, der stete Einnahmen hervorbringen könnte." (Musser, George, *Aktionsplan für das 21. Jahrhundert*, Spektrum der Wissenschaft, Oktober 2005, 34)
139 Shiva, Vandana, „Globalisierung und Armut", in: von Werlhof, Claudia, Bennholdt-Thomsen, Veronika, Faraclas, Nicholas (Hrsg.), *Subsistenz und Widerstand. Alternativen zur Globalisierung*, Promedia, Wien, 2003.

Die Tätigkeit der Selektion von Kulturpflanzen über viele Generationen hinweg z. B. und damit der Schaffung von unzähligen verschiedensten angepassten Sorten war und ist Arbeit, die nie in dieser Form bezahlt wurde. Erst mit der Entwicklung der modernen *professionellen* Pflanzenzüchtung Anfang des 20. Jahrhunderts wurde diese Tätigkeit als eigene Profession entlohnt. Das heißt, es erschienen nun zwei Formen der Pflanzenzüchtung auf der geschichtlichen Bühne: die Selektion, wie sie *immer schon* von BäuerInnen und GärtnerInnen vorgenommen worden war (1.), welche mit der nun entstandenen professionellen Pflanzen-züchtung (2.) *scheinbar wertlos* wurde, da sie nicht entlohnt und nicht nach *wissenschaftlichen Kriterien* durchgeführt wurde. *Scheinbar* wertlos deshalb, weil ihr Wert durchaus gesehen wird. Multinationale Konzerne *rauben* Sorten von Kleinbauern, um an besondere *Eigenschaften*[140] zu gelangen, die die Vielfalt der kleinbäuerlichen Pflanzenwelt hervorge-bracht hat, aber sie sind nicht bereit, dafür zu bezahlen. Jack Harlan, ein „Pionier der systematischen Saatgutkonservierung" betont jedoch die Bedeutung von *nicht professionellen* SaatgutproduzentInnen:

> Wenn Vielfalt erhalten bleiben soll, dann werde sie letzten Endes von Amateuren gerettet werden müssen: von Menschen, die ihre Saaten lieben.[141]

Für Samir Amin ist der Fortbestand der kleinbäuerlichen Landwirtschaft nichts Romantisches, sondern er sieht sie begründet in der „Zukunft des 21. Jahrhunderts". Er schreibt in seinem Artikel „Die neue Agrarfrage":

> Drei Viertel der unterernährten Menschen auf dieser Welt leben auf dem Lande. Gehen wir von fünfzig Jahren aus – keine industrielle Entwicklung, auch wenn sie noch so konkurrenzfähig ist und selbst wenn von einem phantastischen, kontinuierlichen Wirtschaftswachstum von sieben Prozent ausgegangen wird, wäre in

---

140 Stoll, Gabi, „Trägt Bio- und Gentechnologie zur Ernährungssicherung bei?", in: Bischöfliches Hilfswerk Misereor (Hrsg.), *Ernährung – Ein Recht für alle*, Horlemann, Unkel/Rhein, 1997, 58f:
„Durch den Einsatz gentechnischer Verfahren wird es möglich, die angestrebten Stoffwechselleistungen von Organismen nicht mehr durch langwierige Kreuzungszüchtungen zu erzielen, sondern durch einen direkten, molekularbiologischen Zugriff auf ihr Erbgut.
Zur gezielten Manipulation dieser angestrebten Stoffwechselleistungen sind genetische Quellen aus dem Naturreich nötig. Viele Länder der Südhemisphäre verfügen über einen umfassenden genetischen Reichtum. Dieser basiert einmal auf dem natürlichen Reichtum aufgrund der ökologischen Bedingungen, unter denen er sich entfalten konnte. Zum anderen beruht er auf den züchterischen Leistungen von einheimischen Bäuerinnen und Bauern und der sogenannten „in-situ" Erhaltung von Wildformen bzw. der Weiterentwicklung von lokalen Pflanzenarten und Sorten über Jahrhunderte hinweg".
141 zitiert nach Kaller-Dietrich, Martina, 2002, 176.

der Lage, auch nur einen Drittel dieser menschlichen Reserve zu beschäftigen.[142]

Jene, welche im formellen Sektor von einer Vollbeschäftigung träumten und welche die Schattenwirtschaft verdammten, müssen immer mehr eingestehen, dass dieser Traum weder wünschenswert noch möglich ist. Aber politische Maßnahmen zur gerechten Aufteilung von Arbeit scheinen trotzdem noch weit entfernt zu liegen.

Jener Bereich, welcher immer schon als Basis des Lebenserhaltungsprozesses gedient, Probleme *im Schatten* gelöst hat und in seiner *Wiederholung* eine lange *informelle Tradition* aufweist, ist die Subsistenzwirtschaft in Form des *Ackerbaus*, auf welche in der Folge Bezug genommen wird, wenn von Subsistenz die Rede ist.

3.4.3 Subsistenz

Mehrmals war hier schon die Rede von Subsistenz. Das Wort Subsistenz kommt vom lateinischen Wort *subsistentia* „und bezeichnet ursprünglich in der Theologie des spätantiken Christentums die relative Selbständigkeit der drei göttlichen Personen"[143]. Thomas von Aquin definiert Subsistenz „als Charakteristikum des Subjekts, nämlich als ‚das, was an sich existiert und nicht in einem anderen'". Die Thomas-Interpreten Johannes Capreolus und Thomas de Vio Cajetanus bezeichnen Subsistenz als den Akt, „mit dem eine Essenz oder Natur ihre Existenz erhält"[144], Johannes Duns Scotus meint, die menschliche Natur sei nur insofern „unvollständig Person, als zu ihrem Personsein die Abhängigkeit von Personen einer anderen Natur gehört"[145].

Der Subsistenzbegriff, welcher in germanischen und romanischen Sprachen existiert, ist demnach sehr eng mit dem Personenbegriff verknüpft. Darunter kann eine Person verstanden werden, welche sich als aktives Lebewesen versteht und zwar aus eigener Kraft und in eigener Macht sein Leben vollzieht, die Abhängigkeiten, in welche sie vernetzt ist, aber akzeptiert und würdigt.

Zwei interessante Bedeutungsstränge zeigt das lateinische Verb *subsisto*[146]: einerseits die Bedeutung des Bleibens und Verharrens, anderer-

---

142 Amin, Samir, „Die neue Agrarfrage. Drei Milliarden Bauern und Bäuerinnen sind bedroht", in: *Agrobusiness – Hunger und Recht auf Nahrung*, Widerspruch 47, Zürich, 2004, 26.
143 Ritter, Joachim, Gruender, Karlfried, u.a., *Historisches Wörterbuch der Philosophie*, Schwabe, 1984, 486.
144 Ebenda, 490.
145 Ebenda, 491.
146 Auf weitere Bedeutungen und den altgriechischen und scholastischen Zusammenhang mit Substanz soll hier nicht eingegangen werden.

seits – mit ersterer in enger Verbindung stehend – die Bedeutung des Widerstehens und Widerstandleistens. Während die erstere Bedeutung das Erhaltende und Beständige hervorhebt, zeigt die zweite Bedeutung auf, dass es sich dabei nicht um einen passiven Zustand, sondern um ein aktives, wiederholt Widerstand leistendes Tätigsein handelt. Es ist im ökonomischen Sinne betrachtet die Form, das Leben in seinem *Bestehen* zu erhalten, indem wiederkehrendes sich in seiner Form wiederholendes Tun Widerstand leistet gegen Angriffe des Lebens selbst; es eilt nicht voraus (im Sinne des industriellen Fortschritts), sondern bleibt gegenwärtig, stand-haft. Daher ist der Titel des von Werlhof, Bennholdt-Thomsen und Faraclas herausgegebenen Bandes „Subsistenz und Widerstand" eine nahe liegende Hervorhebung des widerständigen Charakters der Subsistenz. In diesem Band bezieht sich jedoch der Widerstand ganz wesentlich auf die *menschgemachten* Hindernisse, welchen ein auf Subsistenz aufgebautes Leben heute weltweit begegnet, im Gegensatz zu jenem Widerstand, welcher gegenüber einem schweren Erdboden z. B. aufgebracht werden muss.

Subsistenzwirtschaften sind – historisch gesehen - kleine Einheiten der Selbstversorgung, welche meist in größere Netzwerke eingebettet sind und als Ziel das eigene und gemeinsame *Gute Leben* haben. Sie sind geprägt von unterschiedlichen Tauschbeziehungen (also *keine geschlossenen Systeme*).[147]

Subsistent leben heißt nicht in Isolation als Individuum für sich leben, sondern in Eigenmacht, selbst bestimmt Verwirklichungschancen zu wählen und zu realisieren bzw. für sein eigenes Überleben und Gutes Leben aufzukommen, ohne dass die eigene Lust auf der Last anderer ruht, ohne nicht in gleicher Weise mit der eigenen Last dafür aufzukommen. Das Aufkommen des Lebensunterhaltes liegt darin, für die Eigenversorgung tätig zu sein, nicht vorrangig Geld zu verdienen.

Die abwertende Haltung, welcher sich die subsistente Lebensweise heute gegenübergestellt sieht, drückt Claudia von Werlhof[148] in einer Definition von Subsistenz aus:

> Der Begriff Subsistenz (wörtlich etwa „Selbstunterhalt", „Eigenarbeit") wird verwendet, um vorindustrielle, „primitive", „stagnierende" oder „naturalwirtschaftliche" Gesellschaften zu kennzeichnen. Heutige Subsistenz – etwa bei der landwirtschaftlich-gärtnerischen Produktion zur Selbstversorgung oder in der Hausar-

---

147 vgl. Wikipedia zu Subsistenzwirtschaft (25.02.06) und Historisches Lexikon der Schweiz, www.dhs.ch/externe/protect/textes/d/D13835.html (25.02.06).
148 Claudia von Werlhof gehörte zusammen mit Maria Mies und Veronika Bennholt-Thomsen in der Mitte der 1970er Jahre zu den Begründerinnen der Subsistenztheorie (auch unter Bielefelder Ansatz bekannt). Vor allem Maria Mies hat zusammen mit Vandana Shiva den Ökofeminismus geprägt.

beit – wird dementsprechend meist abwertend als „zurückgeblieben" oder „unterentwickelt" eingeordnet. (von Werlhof, Claudia, 1994, Teil 1)

Im Gegensatz dazu versteht sie darunter – im Sinne der *Subsistenzperspektive* – „eine andere Geisteshaltung, eine andere Art des Sehens" (Werlhof, 1994, Teil 2). Der Blick richtet sich weg von einem Leben der kapitalistischen Versorgungskultur, welche ihre Versprechungen nicht hält und hierarchisch agiert, hin zu einem eigenmächtigen Leben, das sich selbst erkennt und ergreift (vgl. Arbeiten von Ivan Illich und Marianne Gronemeyer). Vorbilder sind für sie dabei die Leben der Frauen, welche „bis zu Ende denken" und in einem Leben der *Permanenz* erprobt sind[149]:

> Das hängt mit ihrer Lebenserfahrung zusammen. Man kann ja nicht ein Kind großziehen und es zwischendurch einfach vergessen. Das geht eben nicht, wenn es leben soll. Es geht nur permanent. Die Permanenz fehlt den Männern heute, sie sind es nicht mehr gewöhnt, sich dauerhaft ums Leben zu kümmern. Sie können schon mal eine halbe Stunde mit dem Baby auf dem Arm herumlaufen, aber dann sind sie meist schon ganz erschöpft. (Werlhof, 1994, Teil 4)

Subsistenz ist für Werlhof weder ein Projekt, noch eine Nische, noch ein Modell. Es ist eine Geisteshaltung zum Leben. Subsistente Lebensweisen bedingen jedoch kein ausschließlich Überlebensnahrungsmittel schaffendes Leben, das ohne Kultur, Kunst und Technik auskommt. Im Gegensatz dazu unterliegen hierbei Kultur, Kunst und Technik nicht ausschließlich einem Markt, sondern sind lebendiger Teil des tätigen *Guten Lebens*. Eine *Ideologisierung eines konkreten Lebensmodelles* (siehe Werlhof) soll jedoch vermieden werden.

3.4.4 Die Wiederkehr der Gärten. Community Gardens: Subsistenz als Bewältigungsform

> Urban Agriculture, städtische Landwirtschaft, ist weltweit die wichtigste Art der Selbsthilfe von Erwerbslosen und Wenigverdienenden. Es handelt sich um eine neue soziale Bewegung, die aus dem Süden kommend heute auch die Großstädte des reichen Nordens erfaßt hat. (Meyer-Renschhausen, Elisabeth, 2004, 15)

In den 70er Jahren begannen Menschen in ärmeren Stadtteilen Amerikas von Müll zugeschüttete Brachflächen gemeinsam von Abfall zu befreien, Gemüsebeete anzulegen, Sträucher und Bäume zu pflanzen und Oasen in Mitten zerfallener Häuser zu errichten. Immer mehr von diesen städtischen Gemeinschaftsgärten, so genannten Community Gardens, entstanden.

---

[149] siehe auch Bennholdt-Thomsen,Veronika, Mies,Maria, von Werlhof,Claudia, *Frauen, die letzte Kolonie – Zur Hausfrauisierung der Arbeit*, Rotpunkt, Zürich, 1992.

In der Lower Eastside, in der Bronx oder in Brooklyn hat sich nämlich gezeigt, dass die Gartenaktivitäten außerordentlich positive soziale Auswirkungen sowohl auf die Lebensgestaltung der GärtnerInnen, die mehrheitlich aus armen, nicht weißen Bevölkerungsschichten stammen, als auch auf die Nachbarschaften, ja auf ganze Stadtviertel haben. Jugendliche begannen sich für die Sicherheit ihres Viertels einzusetzen, transkulturelle Erfahrungs- und Begegnungsräume entstanden und Brachflächen, die als unansehnliche Müllabladeflächen genutzt wurden, verwandelten sich in blühende Gemüsegärten. (Müller, Christa, 2002, 115)

Durch diese Gemeinschaftsgärten entstand ein Klima der Nachbarschaft und Gegenseitigkeit, sie sind Nahrungsgrundlage für GhettobewohnerInnen, die z. T. auch aufgrund der hohen Mieten kaum noch Geld übrig haben, sich gute und angemessene Nahrung zu leisten, sie sind Ort sozialer und kultureller Treffen und Erholungsraum inmitten z. T. stark verwahrloster urbaner Gegenden und geben Möglichkeit, kulturelle Identität aufrecht zu erhalten.

In vielfältiger Weise stellen diese Nachbarschaftsgärten Formen der Bewältigung existentieller Nöte dar. Die Menschen verhelfen sich in aktiver Weise zu Orten, welche ihnen Verwirklichungsformen bieten, um ihr Leben selbst bestimmt und als AkteurInnen zu gestalten.

Die Vereinigung der Gemeinschaftsgärtner der USA, die American Community Gardening Association (ACGA), zählt derzeit über 6.000 Nachbarschaftsgärten in 38 US-amerikanischen Städten, die meistens auf leeren Grundstücken entstanden sind. Einige befinden sich auch auf dem Grund und Boden von Hauskomplexen des Sozialen Wohnungsbaus. Von diesen Nachbarschaftsgärten wurden mehr als 30 Prozent [...] erst nach 1991 gegründet, was dem zunehmenden Interesse an diesem Modell von Nachbarschaftsentwicklung entspricht. In diesen neuen Gärten geht es mehr noch als in früheren Gründungen um den systematischen Gemüseanbau zum Verzehr. Auf diese Art und Weise sind in den USA einige hunderttausend Gemeinschaftsgärtnerinnen aktiv. (Meyer-Renschhausen, Elisabeth, 2004, 17)

Von den seit 1973 in New York City gegründeten Community Gardens bestehen noch ca. 800 Gärten mitten in der Stadt, die von ca. 20.000 – 60.000 aktiven GärtnerInnen (zwei Drittel davon sind Frauen) großteils biologisch bewirtschaftet werden wie Elisabeth Meyer-Renschhausen schreibt. Es existierten noch mehr als die erwähnten Gemeinschafts- bzw. Nachbarschaftsgärten in New York City, aber viele fielen Bau-aktivitäten zum Opfer, weil sich Bodenspekulanten durch die Stadtteil-revitalisierung, welche durch diese Gärten erfolgte, höhere Grund-stückspreise erhofften. Einige Gärten konnten durch so genannte „Square Inch"-Kampagnen gerettet werden, wo winzige Gartenquadrate zum symbolischen Kaufpreis von 5 Dollar angeboten wurden. Durch das gesammelte Geld konnte das Grundstück, auf welchem der Garten errichtet wurde, gekauft werden (vgl. Meyer-Renschhausen, Elisabeth, 2004, 23). Die Community Gardens sind in größere Netzwerke eingegliedert und werden zunehmend von der Öffentlichkeit anerkannt und z.T. auch durch städtische Mittel unterstützt, aber dennoch müssen sie immer wieder vor den Baggern verteidigt werden.

Die Bestrebungen, den städtischen Anbau von biologischem Gemüse zu fördern, führten zu

> Programmen wie „East New York Farms", welche Gemeinschaftsgärtner aufforderten, vermehrt für sich und die Nachbarschaft Gemüse anzubauen und es entweder an die örtlichen Suppenküchen zu verschenken oder aber auf einem der neu eingerichteten Bauernmärkte selbst zu verkaufen. So entstehen auf seltsame Art und Weise mitten im Zentrum der Ersten Welt neue Basare der „informellen Ökonomie", Märkte, die eigentlich gar nicht sein dürfen, da sie hinsichtlich Steuern, Abgaben etc. „illegal" sind. Trotzdem werden sie durch soziale städtische und staatliche Programme unterstützt, da sie einen Beitrag zur Reduktion der Gewalt in den Slums und zur Lösung der massiven gesundheitlichen Beeinträchtigungen der Ghettobewohner darstellen. (Meyer-Renschhausen, Elisabeth, 2004, 19)

Die Nachbarschaftshilfe dient sowohl jenen, welche Gemüse anbauen und dann verkaufen oder verschenken (darunter sind auch einsame alte Menschen oder Menschen, denen ein Lebensinhalt fehlte) als auch denen, welche günstig zu frischem Obst und Gemüse kommen wollen, das sie sich sonst nicht leisten könnten.

Mit der „Wiederkehr der Gärten"[150], vor allem im städtischen Bereich, wird sichtbar, dass auf der einen Seite die *Versorgungs*kapazitäten der Gesellschaften nicht ausreichen, um das Leben zu re-produzieren, *Produkte* nicht in der gewünschten Qualität bereitgestellt werden können bzw. Einkommen und Preise nicht korrespondieren. Auf der anderen Seite ist das Bedürfnis vorhanden, aktiv und selbsttätig für das eigene Leben aufzukommen statt versorgt zu werden. Es ist eine Not, der tätig begegnet werden will, die das Greifbare sucht und er- und auf-greifen möchte, was vergriffen ist. Es entsteht eine Nachfrage nach Handlungskompetenz aus der Sattheit der Erduldungen, die eine *Versorgungskultur* anbieten möchte, deren Verteilungsstruktur aber am sozialen Faktor des Marktes scheitert und deren Basis von einer Zerstörung der Natur ausgeht, die sich am Maß einer *künstlichen* Welt, welche von einer *natürlichen* Welt getrennt ist, orientiert. Die Motivationen für eine *neue Gartenkultur* reichen vom Geschmack des Apfels der Kindheit bis zur Selbsthilfe in der Notsituation,

---

150 vgl. Meyer-Renschhausen, Elisabeth und Holl, Anne (Hrsg.), *Die Wiederkehr der Gärten. Kleinlandwirtschaft im Zeitalter der Globalisierung*, StudienVerlag, Innsbruck, 2000.

vom Bedürfnis nach aktivem Umgang mit außermenschlicher Natur bis zum Wunsch nach meditativer *Wiederholung*, vom aktuellen Wunsch nach biologischer Nahrung bis zur Tätigkeit im Hinblick auf die nächsten Generationen, von dem Wunsch nach körperlichem Tätigsein im Freien bis zur ausgleichenden Erholung, von der Anwendung *brachliegender* Fähigkeiten bis zur Erhaltung von Saatgut besonderer Sorten, von der Pflege von tradiertem Wissen bis zur Erlangung neuer Kenntnisse und Erkenntnisse, von der Bewältigung des eigenen Lebens bis zur Gastfreundschaft. Und diese Form ist nicht neu:

> Städtische und periurbane Landwirtschaft ist kein neues historisches Phänomen. In Mitteleuropa waren im 19. Jahrhundert die Krautgärten vor den "Toren der Stadt" von Stadtbewohnern zur Einkommensergänzung weit verbreitet. Ergänzung des knappen Lebensmittelangebots war das Motiv für die Nutzgartenwirtschaft in der DDR. Weil der Lohn nicht ausreicht, wird eine Art "Subsidiarisierung der Lohnarbeit durch die Subistenzproduktion" vorgenommen, wie Friedhelm Streiffeler das Phänomen bezeichnet.
> Etwa in Nairobi in Kenia reichen die Löhne nicht und Frauen und Männer betreiben wilde Landbebauung auf städtischen Brachen. Im zairischen Kisangani mit heute über 400.000 Einwohnern, verdienten bereits Anfang der 1980er Jahre sogar Staatsangestellte nicht genug zur Ernährung ihrer Familien. 26,9 % der Frauen, die derartige städtische Landwirtschaft betrieben, waren mit Staatsdienern verheiratet. Diese urbane Landwirtschaft wird zu zwei Dritteln von Frauen unternommen, als Subsistenzarbeit gehört sie zur erweiterten Hausarbeit der Frauen. Die Subsistenzarbeiten als Voraussetzung von Lohnarbeit und Schattenarbeiten werden natürlich nicht ausschließlich von Frauen erledigt. Fabriken stehen heute inmitten von Maisfeldern, da es im Interesse von Arbeitern und Fabrikherren ist, den Arbeitern generell lange Wege zu ihren Feldern zu ersparen. Angebaut wird vor allem für den eigenen Bedarf, aber auch für den Verkauf.[151]

Diese städtischen Gärten dienen der Aufbringung des Lebensunterhalts. Aber was unterhält mein Leben? In der Frage nach dem Lebensunterhalt ist auch die Frage nach dem *Guten Leben* enthalten. Bedingungen, welche mir die Freiheit für meinen selbst gewählten Lebensunterhalt ermöglichen, sind eng verbunden mit den generellen Verwirklichungschancen, welche sie für mich darstellen. Auch wenn durch verschiedene Umstände eine Form des Lebensunterhaltes (z. B. Lohnarbeit) wegfällt und mir aber andere Formen der aktiven Lebens- und Überlebensbewältigung frei stehen (z. B. Zugang zu Land, Wasser, Saatgut und Wissen), so ist es möglich meine Selbstachtung aufrechtzuerhalten, wenn gleichzeitig diese

---

151 Meyer-Renschhausen, Elisabeth, „Die Gärten der Frauen. Gärten als Anfang und Ende der Landwirtschaft", in: Bennholdt-Thomsen,Veronika, Holzer, Brigitte, Müller, Christa (Hrsg.), *Das Subsistenzhandbuch. Widerstandskulturen in Europa, Asien und Lateinamerika.*, Promedia, Wien, 1999, 122.

Formen der Lebensbestreitung gesellschaftlich anerkannt und gewürdigt werden.

3.5 Heimatlosigkeit und Naturzugang

3.5.1 Erzwungene Migration

Migration ist ein altes Phänomen, genau genommen älter als die Tatsache der Sesshaftigkeit. Viele Menschen, welche sich heute zur Migration *entschließen*, werden großteils dazu gezwungen, weil der Ort, den sie verlassen, für ihr Leben zu *unsicher* geworden ist, sie weder auf die eine (Subsistenz) noch auf die andere Art (Lohnarbeit) ernähren kann oder ihr *Hab und Gut* zerstört und die Zukunftsaussichten für den verlassenen Ort auch nicht viel versprechend sind.

Der Großteil der MigrantInnen wird als ArbeitsmigrantInnen aufgefasst. Frank Biermann[152] sowie Manfred Wöhlcke[153] spezifizieren eine andere Gruppe von MigrantInnen, und zwar *UmweltmigrantInnen*, welche gerade in dem vorliegenden Zusammenhang von großer Bedeutung sind und nur schwer von anderen Flüchtlingen differenziert werden können, da ihre Fluchtursachen eng mit anderen Situationen verbunden sind (sozial, ökonomisch und politisch bedingt) und entweder die Folge einer Umwelt*veränderung* sind oder diese selbst zur Folge haben. Dabei kommen folgende Ursachen in Betracht: Naturkatastrophen (menschlich und nicht menschlich beeinflusst), Degradierung der Böden und zunehmender Landschaftsverbrauch, forcierte Ausbeutung der Ressourcen, anthropogene Klimaänderung, toxische und radioaktive Verseuchung, politische Destabilisierung, Kriege und Bürgerkriege, welche zu einer extremen Verschlechterung der ökologischen Lebensbedinungen führen können. Wie Wöhlcke schreibt, werden *Umweltflüchtlinge* nirgendwo zentral erfasst, aber die Menge der Ursachen und ihr stetes Wachstum zeigen, dass die Anzahl der Umweltflüchtlinge im weiteren Ansteigen begriffen ist. Jean Ziegler spricht von „sogenannten „ökologischen" Flüchtlingen" und stellt fest, dass anders als politische, die ökologischen Flüchtlinge „keinerlei Rechte" besitzen.[154] Wo die *Umwelt* so zerstört ist, dass Leben in dieser Region nur mehr unter schweren Gesundheitsschäden möglich ist,

---

152 vgl. Müller, Christa, *Wurzeln schlagen in der Fremde*, ökom, München, 2002, 116-119.
153 Wöhlcke, Manfred, *Umweltmigration*,
www.berlin-institut.org/ pdfs/Woehlcke_Umweltmigration.pdf , (April, 2002), 15.12.05.
154 Ziegler, Jean, „Das tägliche Massaker des Hungers", in: *Agrobusiness – Hunger und Recht auf Nahrung,* Widerspruch 47, Zürich, 2004, 19.

bedeutet Migration meist die einzige Lösung, dies wiederum aber bedeutet *Heimaterde* zu verlassen. Manche nehmen ein bisschen davon mit.[155] Das *Unterwegs-sein* aller MigrantInnen will ein Ziel haben. Oft ist das Ziel offen oder das gewünschte Ziel nicht erreichbar. Nicht nur fallen mit der erzwungenen Migration Lohnarbeitsplätze weg – sofern solche bestanden hatten –, auch wer sein Leben in voll- oder teilsubsistenter Weise verbracht hat, dem werden mit einer erzwungenen Migration seine selbst versorgenden Möglichkeiten genommen. Der Ankunftsort bietet diesbezüglich selten Gelegenheiten dazu.

Was für die Erfahrung *einfacher* Arbeitslosigkeit gilt, verschärft sich noch durch eine erzwungene Migrationssituation. Die Möglichkeiten des *Handelns* werden zugunsten des *Erduldens* eingeschränkt. Was durch die Migration aber noch verstärkt bzw. zusätzlich zu tragen kommt ist u.a. das Herausfallen aus sozialen Netzen z. B. durch Familientrennungen, die Verarbeitung von oft traumatischen Fluchtsituationen bzw. den Bedingungen, welche zur Flucht geführt haben, aber auch Perspektivenlosigkeit durch fehlende Sprachkenntnisse bzw. Anschlussmöglichkeiten an ein zuvor geführtes Leben.

3.5.2 Migration von Problemlösungen

Ohne Einwanderung wird die Bevölkerung der erweiterten Europäischen Union von 454 Millionen auf unter 400 Millionen bis zur Mitte des Jahrhunderts zurückgehen. Auf diese Gefahr hat UNGeneralsekretär Kofi Annan im Januar 2004 hingewiesen. Ein Europa, das sich abschließe, wäre ärmer, schwächer und älter, sagte Annan vor dem Europaparlament. Wenn es jedoch gelinge, die Einwanderung gut zu lenken, werde Europa fairer, reicher, stärker und jünger sein. „Einwanderer sind ein Teil der Lösung, nicht Teil des Problems", sagte Annan unter dem Beifall der Europaabgeordneten.[156]

Kofi Annan wies damit auf die sinkende Bevölkerung des *hochentwickelten Europas* hin, welche zunehmend veraltet und die von den Kräften der Vergangenheit bzw. anderer Kontinente, denen sie selbst wenig Beachtung schenkt, zehrt. Zusehends zeigen sich auch die daraus entstehenden Problemfelder. Jedoch sehen sich viele MigrantInnen, welche *Teil der Lösung* sein könnten, einer Haltung gegenüber, welche Ablehnung, Demütigung, im besten Fall Gönnerhaftigkeit ausdrückt. Auch wenn es nicht immer offen sichtbar ist: MigrantInnen wollen nicht nur etwas, son-

---

155 vgl. Müller, Christa, *Wurzeln schlagen in der Fremde*, ökom, München, 2002.
    Hier wird beschrieben, wie sich im Zuge eines Umweltbildungsprojektes der Interkulturellen Gärten Göttingen herausstellte, „dass viele MigrantInnen und ExilantInnen beim Verlassen ihrer Heimatorte Erde mitnehmen, die sie von nun an überall hin begleitet. Bei ihrem Tod wird ihnen ein Säckchen der Heimaterde mit ins Grab gegeben." (80f)
156 UN-Basis-Informationen, www.dgvn.de/pdf/Publikationen/BI-Migration.pdf, 15.12.05.

dern bringen immer auch etwas mit (vgl. Müller, Christa, 2002). Sie haben in den unterschiedlichsten Tätigkeitsbereichen Erfahrungen und Wissen erworben, welches nach Anschlussmöglichkeiten sucht. Nicht alle, aber einige kommen aus landwirtschaftlichen Strukturen, andere – v.a. Frauen – bewirtschafteten Gärten, z. T. für die Versorgung ihrer Familie.

Ackerbau war kein Phänomen eines zivilisierten, fortschrittlichen Europas, sondern startete in verschiedenen anderen Zentren der Welt, von wo aus Samen, Pflanzen und das Wissen darüber, wie sie angebaut werden, über verschiedene Wanderbewegungen nach Europa gebracht wurden.[157] Nur wenige Pflanzen, die ursprünglich auf europäischem Boden wuchsen, waren für eine Kultivierung geeignet. Ein Großteil jener pflanzlicher Nahrungsmittel, welche wir heute in Europa zu uns nehmen, stammen von Wildpflanzen anderer Kontinente ab. Daraus zeigt sich ganz deutlich, dass wir – auch im Nahrungsmittelbereich – auf Problemlösungen *der gesamten bisherigen Menschheit* aufbauen (vgl. Füllsack, Manfred, 2002, 20).

Die Wanderung von Saatgut, Pflanzen und Wissen dauert fort, aber nimmt mit zunehmender *Entfremdung* und *Monokultivierung* (welche mit einer Vereinheitlichung von Pflanzenarten und –sorten einhergeht) ab. Durch erzwungene Migration wird Personen, welche ein *tätiges Wissen* aus der Erfahrung im Anbau und der Verarbeitung von Pflanzen besitzen, sehr oft die Möglichkeit genommen, diese Fähigkeiten umzusetzen. Sie werden diesbezüglich häufig zur Untätigkeit gezwungen und haben auch nicht die Möglichkeit, dieses *tätige Wissen* weiterzugeben. MigrantInnen bringen Wissen und Kenntnisse auf verschiedensten Gebieten mit, welches nach der Migration oft brachliegt. Dies bedeutet, dass Migration oft mit einer Wissensvernichtung einhergeht, d.h. einer Vernichtung von möglichem Lösungspotential für die derzeitige und nachfolgende Menschheit (siehe auch Kapitel *Tätiges Wissen*).

Jedoch darf Migration nicht nur als „Datentransfer" betrachtet werden, bei welchem die bzw. der Einzelne ausgeblendet wird, denn gerade beim tätigen Wissen im Zusammenhang mit außermenschlicher Natur steht das Individuum als tätiges Wesen im Zentrum, welches wiederum einen tätigen Ausgleich zwischen menschlicher und nichtmenschlicher Natur schafft.

---

157 Hier soll natürlich auch nicht verschwiegen werden, dass neben dem Transfer von Samen, Pflanzen und Wissen durch Wanderbewegungen, diese auch z. B. über *Eroberungen* und die sog. *Entdeckungsfahrten* nach Europa gelangten. Heute werden Pflanzen und das Wissen über ihre *Nutzung* vielfach von privaten Konzernen von der Bevölkerung *geraubt und patentiert* (vgl. Shiva, Vandana, 2004).

3.5.3 Partizipation und das Eigene

José Martí forderte im 19. Jahrhundert einen Kurswechsel in Lateinamerika: weg von der Überstülpung einer europäischen Zivilisation hin zu einer Antizipation der Indios. Amerika sei nicht *von*, sondern nur *mit* seinen Indios zu retten.[158] Übertragen auf die Situation der MigrantInnen könnte es demnach heißen: Ein Land sei nicht *von*, sondern nur *mit seinen MigrantInnen* zu retten.

Das lateinische *participio* bedeutet „teilnehmen lassen" (1.), was voraussetzt, dass die *führende* Gruppe die Führung mit den Anderen „teilen" (2.) möchte, damit diese „teilhaben" (3.) können.[159] Partizipation bedeutet also die Möglichkeit *das Eigene* aktiv einzubringen in ein Gemeinsames. Diese Möglichkeit muss aber eine Potentialität sein, welche sich unter den gegebenen Umständen für die Einzelnen realisieren lässt. In der tatsächlichen Möglichkeit ist also bereits eine Veränderung der Bedingungen enthalten, welche eine Partizipation erst möglich macht, d.h. es reicht dazu nicht eine vage Bereitschaft, sondern eine aktive Schaffung von realen Gegebenheiten und damit ein Abbau von vorhandenen Hindernissen, welche es möglich machen, dass das Eigene aus einer persönlichen Potentialität in eine gemeinschaftliche Realität eingebracht werden kann. Die Hindernisse werden v. a. von jenen wahrgenommen, welche an ihre Grenzen stoßen und sie nicht überwinden können. Demnach ist bereits in der Ausräumung von Hindernissen eine Partizipation *von unten* erforderlich.

Die Strukturen der Allmenden, die Gartengemeinschaften der Community Gardens und auch die Interkulturellen Gärten in Deutschland haben gemeinsam, dass sie ganz wesentlich auf Strukturen aufbauen, welche die aktive Teilnahme und Mitbestimmung der jeweiligen Mitglieder am Organisationsprozess voraussetzen. Dies hat nicht nur Einfluss auf die inneren Strukturen der jeweiligen Gemeinschaften, sondern beeinflusst auch die Stellung der Mitglieder außerhalb dieser Gruppen. Indem einerseits ihr Selbstvertrauen und ihre Selbstachtung steigen, nehmen sie sich als wichtige Mitglieder der Gesellschaft wahr, deren Stimmen registriert werden. Andererseits leisten sie einen wesentlichen Beitrag zur allgemeinen sozialen Situation der Region, indem ein aktiver Beitrag zur Erhaltung natürlicher Ressourcen geleistet wird, die Erweiterung von Verwirklichungschancen eine aktive Bewältigung von Notsituationen ermöglicht und damit die Angst davor abnimmt oder Integration durch aktiven Anschluss an bekannte Strukturen gelingen kann, welche für eine Verbesserung des allgemeinen sozialen Klimas von Bedeutung ist.

---

158 vgl. Fornet-Betancourt, Raúl, „Philosophische Voraussetzungen des interkulturellen Dialogs", *polylog,* 1, 39.
159 *Der Kleine Stowasser.* Lateinisch-deutsches Schulwörterbuch, Hölder-Pichler-Tempsky, Wien, 1987.

3.5.4 Soziale Teilhaberechte und Integration in die Gemeinschaft

Thomas H. Marshall hat in seinem 1950 herausgebrachten Essay „Citizenship and Social Class" drei wesentliche Teilhaberechte beschrieben, welche für moderne Demokratien entscheidend sind: Civil Rights – bürgerliche Rechte, politische Rechte und soziale Teilhaberechte (vgl. Perchinig, Bernhard, 2001, 8). Letztere

> werden von ihm als Grundvoraussetzung für bürgerliche und politische Gleichheit gesehen, erst die Durchsetzung sozialer Rechte ermöglicht konkrete Demokratie. Erst ein ausgebautes Sozialsystem, das auch eine nicht über den Arbeitsmarkt vermittelte Existenzsicherung erlaubt, ermöglicht tatsächlich die Umsetzung von Gleichheit im politischen und zivilen Bereich, denn erst dadurch wird die einseitige Abhängigkeit des Menschen vom Markt durch brochen und ein gemeinsamer Minimalstandard der materiellen Kultur geschaffen. (Perchinig, Bernhard, 2001, 8)

Marshall knüpft diese Teilhaberechte an die nationale Staatsbürgerschaft (Citizenship), wie Perchinig betont, welche in heutiger Betrachtung besser an eine *Wohnbürgerschaft* (hier verweist Perchinig auf Rainer Bauböck) angeknüpft werden sollte. Interessant ist aber die Betonung der sozialen Gleichstellung, welche erst alle anderen Rechte ermöglicht, und diese sind außerhalb des Marktes *verortet*. Es wird hier von einer *Existenzsicherung* außerhalb des Arbeitsmarktes gesprochen. Diese bedingen informelle Strukturen, welche diese Existenz vom Markt unabhängig sichern können. Die Interkulturellen Gärten sind hier ein Ansatz, genau diesen Strukturen Raum zu geben, um eine soziale Basis zu schaffen, um andere Rechte erst möglich zu machen.

Bernhard Perchinig weist auf zwei weitere Definitionen von Integration hin, welche August Gächter aufgestellt hat. Es ist die Gegenüberstellung von „Integration in die Gesellschaft" und „Integration in die Gemeinschaft", welche er hier unterscheidet. Während „Integration in die Gesellschaft" sich auf die „Positionierung im gesellschaftlichen Statussystem, die Einkommenswerte, den Zugang zu Ressourcen wie Wohnungen, Bildungskarrieren, die beruflichen und sozialen Aufstiegschancen etc." beziehen, stehen „partikulare, zumeist nach Anknüpfungspunkten im Alltagsleben vollzogene persönliche Kontakte großteils privaten Charakters" im Zentrum der „Integration in die Gemeinschaft" (Perchinig, 2001, 10-11). Die Gärten stellen diese alltäglichen Anknüpfungspunkte im Leben der interkulturellen GärtnerInnen dar. Das z. T. bekannte Umfeld des Gartens steht nicht nur als wesentlicher Anknüpfungsbereich zur Verfügung: durch die Gartengemeinschaft können familienähnliche Strukturen entstehen, welche als Parallelen zu bekannten Systemen erfahren werden. Diese Anknüpfungspunkte schaffen Sicherheit und ein Zugehörigkeitsgefühl zu einer bestimmten Gruppe. Es entsteht eine neue Gemeinschaft, welche aber an Vertrautes anschließen kann und damit eine gewisse Kontinuität erzeugt, die nicht als vollkommener Bruch erlebt werden muss. Diese soziale Integration bildet eine Basis für weitere Verwirklichungschancen und die Wahrnehmung anderer Rechte.

3.5.5 Interkulturelle Gärten und die „grüne Sprache der Völker"[160]

Die Anwendung von Erfahrungen, die *Ermächtigung* zum Handeln, der Versuch einer *Wiederverwurzelung,* sowie der *Geschmack der Heimat* sind u. a. Motivationen, *in der Fremde* einen Garten anzulegen.

Seitdem 1996 in Göttingen der erste Interkulturelle Garten Deutschlands eröffnet wurde, haben sich einige MigrantInnen in Göttingen und in Nachfolgegärten die Möglichkeit erarbeitet, ihre Fähigkeiten tätig anzuwenden bzw. mit anderen interkulturellen GärtnerInnen Kenntnisse und Erfahrungen auszutauschen.[161] Auf der Basis des biologischen Gartenbaus werden in den Interkulturellen Gärten Kulturpflanzenarten und –sorten aus vielen Regionen der Welt nebeneinander auf kleinen Parzellen in unterschiedlicher Weise angebaut. Hier kommt es zu einem tätigen Austausch von Erfahrungen und Wissen, wodurch dieses – durch die jeweiligen GärtnerInnen selbst – angewandt und damit erhalten und weitergegeben wird, aber auch als *Lösungspotential für die gegenwärtige und zukünftige Menschheit* fruchtbar gemacht werden kann. Wenn die Samen auch *in der Fremde* angebaut werden können, so bedeutet dies auch, dass die heimischen Sorten und Arten erhalten werden und durch einen aktiven Naturzugang greifbar sind, selbst, wenn der heimatliche Acker oder Garten verlassen oder gar zerstört wurde. Viele Menschen, welche ihr Land verlassen müssen, nehmen Samen ihrer eigenen Sorten mit auf die *Reise,* andere lassen sie sich aus der Heimat schicken. Haben sie aber keine Möglichkeit, diese anzubauen, so verlieren sie ihre Keim-fähigkeit und sind als Saatgut verloren. Daher dienen die Interkulturellen Gärten sowohl dem *Guten Leben* der einzelnen GärtnerInnen - durch Anbau von Lebensmitteln der ursprünglichen Heimat, Anwendung von Fähigkeiten, welche andernfalls brachliegen würden, Integration durch aktive Teilnahme in der Einwanderungsgesellschaft und damit die Möglichkeit der Wiederverwur-

---

160 Titel des Umweltbildungsprozesses in den Internationalen Gärten Göttingen (Müller, Christa, 2002, 76).

161 Nicht alle MigrantInnen bringen Erfahrungen im Gartenbau mit, aber die Gemeinschaft der Interkulturellen Gärten bildet für einige MigrantInnen die Möglichkeit, sich Kenntnisse über biologischen Gartenbau aus dem Ankunftsland als auch aus verschiedenen anderen Regionen der Welt anzueignen bzw. eigene Erfahrungen zu machen, was ebenfalls dem Einwanderungsland zugute kommt.

zelung usw. - als auch dem *Guten Leben* der restlichen Gemeinschaft - durch Einbringung *alternativer Sichtweisen* in den ökologischen Diskurs, Erhaltung und Weitergabe von Saatgut, eigenen Erfahrungen und Erkenntnissen, als auch von indigenem Wissen, Erarbeitung von Konfliktlösungsstrategien für ein friedliches interkulturelles Zusammenleben etc.. Dennoch ist der Weg, eine geeignete Fläche für einen Gemeinschaftsgarten aufzutreiben und zu finanzieren, häufig ein mühsamer Prozess. Es ist in der Öffentlichkeit nicht selbstverständlich, dass Menschen ihr eigenes Gemüse anbauen möchten, auch dann, wenn die finanziellen Mittel nicht ausreichen, um ein eigenes Grundstück zu erwerben oder zu pachten. Außerdem ist das gemeinsame Tätigsein wesentlicher Teil dieser Initiativen. Wie die Community Gardens stellen auch die Interkulturellen Gärten Orte der Bewältigung dar. In der gemeinsamen aktiven Tätigkeit in den Gemeinschaftsgärten werden Notsituationen gemeinsam verarbeitet und im freiwilligen Bereitsein, neue Perspektiven zu entwerfen, entsteht auch die Motivation für andere, im aktiven Naturzugang eine neue Aussicht auf ein *Gutes Leben* zu finden. Eine Stärke der interkulturellen Gartengemeinschaften liegt nicht zuletzt in der großen Varietät der Gartenmitglieder was Alter, ethnische und soziale Herkunft betrifft, worauf bei der Gemeinschaftsfindung geachtet wird.

Während im so genannten professionellen Bereich *Fachkräfte aus dem Ausland* gerne ins Land geholt werden, wird der informelle Bereich – in welchen die Subsistenz fällt – aus dieser Bereicherungsmöglichkeit ausgeblendet.

Die Internationalen Gärten Göttingen haben u.a. durch die „güne Sprache der Völker" mit ihrem Umweltprojekt „Lebendiger Boden – lebendige Vielfalt" bewiesen, dass auch MigrantInnen zu aktuellen Fragen der Gesellschaft etwas beitragen können. Indem sie „die in unterschiedlichen Herkunftskulturen eingebetteten Praktiken des Umweltschutzes" freilegten und „Verknüpfungen zum „deutschen" Umweltschutz" herstellten, zeigten sie, dass „ein Ankommen [...] auf einer Ebene von Gegenseitigkeit" möglich ist, „die das Alte nicht verleugnen muss". Das „an der Schnittstelle von ökologischen und interkulturellen Fragestellungen" angesiedelte Projekt wurde im Zuge einer Ausschreibung des deutschen Bundesumweltministeriums mit dem Titel „Der Boden lebt" als „Konkurrenzlos gut" beurteilt und genehmigt (Müller, Christa, 2002, 74-95).

> Aus unserer Erfahrung ist von Seiten der Umweltverbände und staatlichen Institutionen wenig unternommen worden, Migranten und Flüchtlinge in das Thema Umweltschutz zu integrieren, da ihnen die sprachlichen und kulturspezifischen Erfahrungen und didaktisch angemessene Vermittlungsmethoden fehlen. (Internationaler Gärten-Koordinator Tassew Shimeles, in: Müller, Christa, 2002, 74)

Gerade in dieser Hinsicht haben die Interkulturellen Gärten in Deutschland eine Polylogkultur entwickelt, welche Menschen von sehr unterschiedlicher Herkunft, sozialer wie ökonomischer Situation und mit unterschiedlichen Fähigkeiten und Kenntnissen motiviert, sich durch an ihre Erfahrungen anschließenden Überlegungen an einem Thema zu beteiligen, welches alle in gleicher Weise betrifft, an einem Ort (Garten), welcher Umwelt verändernde Auswirkungen zu zeigen weiß. Die Interkulturellen Gärten

> sind Orte gemeinschaftlichen Lernens von Menschen aus bis zu 20 Herkunftsländern, die von vielschichtigen Altersklassen, sozialen Milieus und ethnischkulturellen Hintergründen gestaltet und in denen innovative umweltpädagogische Zugänge kreiert werden. Anknüpfen an vertraute Handlungsorientierungen bedeutet hier immer auch das Eröffnen neuer Handlungsoptionen. Die in diesem Rahmen entstehenden Innovationen sind es wert, in die „Mehrheitsgesellschaft" transferiert und darin angemessen repräsentiert zu werden.[162]

3.6 Tätiges Wissen

Während in einigen Gesellschaftsschichten und Kulturen *praktisches* Wissen von Lebensreproduktion und Produktion in und mit Naturprozessen noch großteils vorhanden ist, indem es gelebt wird, dort aber oft *theoretisches (wissenschaftliches)* Wissen fehlt, geht in anderen Gesellschaftsschichten (vorwiegend urbanen) und vielen Kulturen (großteils westlichen oder ver-westlichten Kulturen) das implizit-praktische Wissen – im Naturzugang - verloren[163], während das theoretische Wissen in unüberschaubarem Maße anwächst und die Archive sich mit Schriften füllen. Im vermehrten Gewahrwerden, dass etwas abgeht, wird noch mehr theoretisches Wissen angehäuft und gleichzeitig räuberisch-taktisch und selektiv auf noch Bestehendes anderer *Praxiskulturen* zu-ge-griffen, ohne zu begreifen, dass das Geraubte im Akt des Raubens zu einem Marktartikel

---

162 Interkulturelle Umweltbildung, in: www.stiftung-interkultur.de. Die Stiftung Interkultur existiert seit Jänner 2003 und stellt eine Dachorganisation der Interkulturellen Gärten in Deutschland dar. Ihre Aufgaben: Etablierung von Interkulturellen Gärten, Verbreitung und Vernetzung dieser Praxis, wissenschaftliche Begleitung, Förderung von Integrationskonzepten, die auf Eigenarbeit und Eigeninitiative von MigrantInnen aufbauen und Transfer von kulturspezifischem Wissen in die bundesweite Nachhaltigkeitsdebatte.

163 Wie ein Essay von Claus-Peter Hutter über die *Wissenserosion* in Sachen Natur zeigt fehlen vielen Kindern – in unseren Breiten – Kenntnisse im Bereich der Natur. Auch BiologiestudentInnen hätten zwar großes Detailwissen über Zellvorgänge, könnten aber „oft eine Amsel nicht mehr von einem Spatz unterscheiden" (Hutter, Claus-Peter, „Warum Kühe lila sind. Essay über die Wissenserosion in Sachen Natur", *Natur + Kosmos*, Februar 2005, 50-51)

wird, der einem weiteren Verloren-gehen – nicht nur durch Veränderungen des Marktes, sondern vor allem durch die fehlende Möglichkeit der Archivierung des *Selbstverständlichen*[164] – ausgesetzt ist.[165] Um aus diesem Dilemma auszusteigen kann eine *freundschaftliche* Kopplung der verschiedenen Wissensbereiche zu einem entscheidenden allgemeinen Fortschreiten in unserer Gattungs-ent-wicklung führen, aber nur dann, wenn es Orte gibt, wo dieses gekoppelte Wissen theoretisch und praktisch zur Verfügung steht und auch die allgemeine Möglichkeit vorhanden ist, sich dieses Wissen an-zu-eignen, d.h. wenn es Orte des Austauschs und der Vermittlung gibt, die jeder und jedem zugänglich sind. Dabei entstehen jedoch verschiedene Problemfelder. In der Folge sollen diese aufgezeigt und in Bezug auf mögliche Lösungsstrategien, welche Interkulturelle Gärten anbieten können, untersucht werden.

Als *neue* Form der Allmende werden Gemeinschaftsnutzungen von Wissen im Computerbereich (Internet, freie Software)[166] betrachtet. Wissen kann jedoch nicht nur auf Papier gespeichert oder in Maschinen einprogrammiert werden, sondern als implizites Wissen in sehr vielen Tätigkeiten enthalten sein, das sich erst im Tun – zum Beispiel im Umgang mit Natur – manifestiert und erhält und mit den Menschen direkt verbunden ist. Dies merken wir z. B. immer dann, wenn wir eine Bedienungsanleitung (in welcher *das Selbstverständliche* fehlt) in die Hand nehmen und versuchen, etwas nachzuvollziehen, das wir nie gemacht haben. Die reine Beschreibung ist uns oft zu wenig, um tätig zu wissen, was zu tun ist. Fähigkeiten müssen *gelernt* werden, sie enthalten Wissen, das oft nur in der unmittelbaren Vermittlung angenommen werden kann oder durch langwierige eigenständige Erfahrung. Es ist mit dem Spielen eines Instrumentes

---

164 Mit *dem Selbstverständlichen* oder dem *impliziten Wissen* sollen hier jene Informationen bezeichnet werden, welche sich eine Person durch ihre Erfahrungen implizit – in scheinbar ver-selb-ständigender Form – angeeignet hat und welche nicht oder nur schwer explizit verfügbar sind. Der Begriff *implizites Wissen* wurde vor allem durch die deutsche Ausgabe von Michael Polanyis Buch „The Tacit Dimension", Doubleday & Company, Inc., New York, 1966 (Deutsch: „Implizites Wissen", Suhrkamp, Frankfurt am Main, 1985) geprägt und an der Definition festgemacht, „daß wir mehr wissen, als wir zu sagen wissen." (14)

165 Hier sei verwiesen auf die Patentierung von verschiedenen Pflanzenarten bzw. -sorten durch große Konzerne und deren Anwendung zu bestimmten Zwecken, die bereits lange Tradition in verschiedenen Kulturen hatten. Durch die Patentierung werden diese Pflanzen – die vorher noch frei zur Verfügung standen - zu unbezahlbaren Marktartikeln und damit aus einer lebendigen Kultur herausgerissen. Diese Pflanzen unterliegen z. T. einer vielfältigen Nutzung und sind in ein komplexes kulturelles und ökologisches Netz eingebunden. Beispiele sind verschiedene Getreidesorten oder Heilpflanzen wie der Neembaum.

166 Wikipedia, *Allmende*, http://de.wikipedia.org/wiki/Allmende, 09.09.05

vergleichbar: Eine gute Vermittlung durch eine Lehrperson kann langes Probieren verkürzen, nicht aber das Üben selbst. Einer geübten Gärtnerin sind viele Handgriffe und Zeichen in der Natur vertraut, welche sie nebenbei ausführt bzw. wahrnimmt, ohne dass sie dies als Teil ihrer Tätigkeit explizit beschreiben würde. Die Art und Weise, wann und wie sie Saatgut erntet und reinigt oder Pflanzen ansetzt oder überwintert, hat sich durch langjähriges Tun ver-selb-ständigt und die Bewegungen, welche sie dabei macht, laufen wie von selbst ab. Der Verlust an handwerklich Tätigen ist daher nicht nur ein Verlust an qualifizierten Arbeitskräften, sondern auch vor allem ein Verlust an tradiertem Wissen, was einer Verschwendung gleichkommt.[167]

So meint Elinor Ostrom vom Wissen über die genaue Struktur eines Systems natürlicher Reserven selbst (seine Grenzen und seine internen Eigenschaften): „Solches Wissen kann, wie bei Fischgründen und Weideland, ein Nebenprodukt der umfassenden Nutzung und sorgfältigen Beobachtung der AR (Allmenderessourcen; Anmerkung UT) sein. Ferner muß dieses „volkstümliche Wissen" bewahrt und von einer Generation zur nächsten weitergegeben werden." (Ostrom, Elinor, 1999, 43). Kinder, deren Mütter noch ihre Kulturpflanzen selbst vermehrten, haben oft kein Wissen mehr davon, v.a. wenn eine gesellschaftliche Wertschätzung dieser Tätigkeit nicht mehr gegeben ist und die Kinder kein Interesse an der Übernahme haben. Damit gehen Problemlösungen, welche sich als implizites (autochtones, indigenes, volkstümliches) Wissen etablierten, verloren und das schon im Zuge eines Generationenwechsels. Daher ist es notwendig, Wege zu finden, wie Kontinuität von Wissen aufrechterhalten bleiben kann. Wichtig dabei ist, Orte und Zeiten der Vermittlung und Übergabe zu schaffen.

Gernot Böhme will dieses Wissen v.a. für die SoziologInnen ins Blickfeld rücken und hebt die Bedeutung des tätigen Wissens für die Möglichkeiten und die Stellung von Menschen hervor:

> Was ist soziologisch gesehen Wissen? Für den Soziologen kann Wissen nicht sein, was in den Büchern steht. Er muß Wissen als Verhaltensweisen und Beziehungsformen von Menschen verstehen, die sozial relevant sind. Was in Büchern steht, was in Staatsbibliotheken und Archiven angehäuft wird, was Datenträger enthalten, das sind die Wissensinhalte. Als Wissensinhalte kann man allgemeiner alle ideellen Strukturen definieren, insofern sie vom Menschen geschaffen oder festgehalten worden sind. Als Wissen im soziologischen Sinne ist dagegen die Partizipation an Wissensinhalten zu verstehen, d.h. also die Art, wie man als Mensch an den ideellen Strukturen teilhat. Wissen heißt also Wissensinhalte

---

[167] Dieses wissend veranstaltet *Slow-Food* – eine Organisation, welche in Italien gegründet wurde und sich für die Vielfalt und gegen die Vereinheitlichung der Esskultur einsetzt (Gegenpart zu *Fast-Food*) – seit 2004 ein Festival „terra madre", wo sich PraktikerInnen der ganzen Welt treffen und austauschen.

> kennen, sich in ihnen zurechtfinden, mit ihnen umgehen können, Wissen ist Teilhabe und Kompetenz. ... Wenn Wissen als die Partizipation an dem ideellen Reichtum der Gesellschaft definiert wird, dann kommt seine eminente soziale Bedeutung zum Vorschein. Die Lebenschancen des einzelnen, seine gesellschaftliche Stellung, seine Möglichkeit, gesamtgesellschaftlich mitzubestimmen, hängen nämlich nicht nur, wie man gewöhnlich betont, von seiner Chance, am materiellen Reichtum zu partizipieren, ab, sondern eben auch von seiner Partizipation am ideellen Reichtum der Gesellschaft, eben von seinem Wissen. Die Sprache, die soziale und die berufliche Kompetenz entscheiden mit über die Stellung des einzelnen in der Gesellschaft und über seine Gruppenzugehörigkeit. (Böhme, Gernot, 1989, 142)

Dieses Wissen gilt als *immaterielles Kulturgut*, das im Gegensatz zu materiellen Kulturgütern an Personen gebunden ist und den Wert von materiellen Gütern steigert, indem es über deren Anwendung verfügt und, wie Gernot Böhme ausführt *ideellen Reichtum* darstellt. Gleichzeitig ist manches Wissen eben auch an materielle Güter gebunden – z. B. den Garten, in welchem gärtnerische Fähigkeiten ausgeführt werden können. Lässt ein Land zu, dass es zu größeren Emigrationsbewegungen kommt, so nimmt es auch den Verlust solchen ideellen Reichtums in Kauf.

Kann dieses Wissen also nicht demonstriert werden und können sich Menschen nicht in ihren Fähigkeiten *beweisen* bzw. können sie Wissensinhalte nicht anwenden, so wird ihnen häufig die Möglichkeit genommen, sich eine Stellung im Leben zu erobern und sich als wertvoll zu empfinden.

Wissen ist in Kontexte integriert und hat Geschichte. Heide Inhetveen hat sich über 20 Jahre lang mit einer alten europäischen Tradition beschäftigt: *den geweihten Wurzbüscheln*[168] (heilwirksame Kräutersträuße), welche am 15. August (Mariä Himmelfahrt) in verschiedenen katholischen Ortschaften vorwiegend von Frauen gesammelt, gebunden und bei verschiedenen Gelegenheiten zu bestimmten Zwecken verwendet werden. Ihre Zusammensetzung ist regional und zeitlich unterschiedlich und die Anzahl der Pflanzen folgt meist *alten Zahlensymboliken*. Bis zu 99 verschiedene Pflanzen sind in den einzelnen Büscheln enthalten.

> In der Vergangenheit und reliktuaft in der Gegenwart verfügen Landfrauen und Bäuerinnen über erstaunlich breite botanische Kenntnisse; sie wußten, wie sie Heilpflanzen anbauen konnten oder diese in der Flur finden konnten. Sie wußten weiter, wie sie diese heilbringend und gesundheitsfördernd einsetzen konnten.
> [...]

---

168 Inhetveen, Heide, „Wurzbüschel – ein Dokument traditionellen Kräuterwissens von Landfrauen", in: Meyer-Renschhausen, E. und Holl, A. (Hrsg.), *Die Wiederkehr der Gärten – Kleinlandwirtschaft im Zeitalter der Globalisierung*, Studienverlag, Innsbruck, 2000, 196 – 216.

Dieses Erfahrungswissen ist personengebunden und generationengebunden. Jede Generation muß sich das Wissen neu aneignen und neu reproduzieren. An solchen Nahtstellen kommt es zu Veränderungen des tradierten Erfahrungswissens. Es wächst, schrumpft und verändert sich im Lauf der Zeit, es ist ein „pulsierendes Wissen". Auch Migrationen, seien sie politisch oder biographisch durch gesellschaftliche Heiratsmuster bedingt, können einen „Verschleiß" von erworbenem Wissen mit sich bringen. (Inhetveen, Heide, 2000, 201-202)

Eine besondere Form, dieses Wissen zu demonstrieren, ist seine bewusste Weitergabe. Hat die Aussendung von Wissen EmpfängerInnen, so wird dieses Wissen auch anerkannt und seine Kontinuität über weitere Generationen m. E. erhalten. Wissen als Summe von Problemlösungen ist nichts Statisches. Auf ihnen will aufgebaut, sie wollen verfeinert, erweitert und vertieft werden, sie sind aber in jedem Fall einer Veränderung ausgesetzt: der Veränderung durch äußere und innere Verhältnisse, welche schon durch die Weitergabe hervorgerufen werden.

Auch die interkulturellen Gärtnerinnen stellen dies fest, wenn sie merken, dass sie ihre Anbaumethoden, welche sie in tropischen Regionen, in der Ukraine oder im Iran angewandt hatten, im Ankunftsland den veränderten Boden- bzw. Klimaverhältnissen anpassen müssen. Ihre Erfahrungen werden an einem anderen Ort nicht immer vollständig zur Anwendung gebracht werden können[169], aber sie lernen das Eigene im Fremden auf eine ganz besondere Art und Weise kennen. Ihr Wissen wird durch eine weitere Perspektive ergänzt, um die Erfahrung detaillierter Unterscheidung, welche für andere ebenfalls von Nutzen sein kann. Die Erfahrung dieser Unterschiede ist aber nur möglich, wenn sie zu einem Ort Zugang haben, welcher diese Erfahrungen und deren Weitergabe erlaubt.

Hier sind vor allem folgende Fragen zu stellen: Lässt sich Wissen, welches ein tätiges Wissen ist, in rein sprachlicher Form übermitteln? Inwieweit ist dieses Wissen überhaupt *vollständig* übermittelbar? Welche Hürden sind dabei zu überbrücken? Was kann uns fremd bleiben an einem

---

[169] z. B. das Wissen um Fundorte von Wildpflanzen. Jedoch haben auch Interkulturelle Gärtnerinnen feststellen können, dass manchmal am Ankunftsort Pflanzen ihrer Heimat zu finden waren. So berichtet eine Gärtnerin, „wie sie bei einem Waldspaziergang in Göttingen ein Kraut entdeckte, von dem sie annahm, dass es nur in Kurdistan wächst: „[...] Das hat sich herumgesprochen. Jetzt rufen mich die Kurden an, und wir gehen alle zusammen in den Wald und suchen nach diesen Kräutern." (Müller, Christa, „Interkulturelle Grenzöffnungen, Geschlechterverhältnisse und Eigenversorgungsstrategien: Zur Entfaltung zukunftsfähiger Lebensstile in den Internationalen Gärten Göttingen", in: Nebelung, Andreas, Poferl, Angelika, Schultz, Irmgard (Hrsg.), *Geschlechterverhältnisse – Naturverhältnisse. Feministische Auseinandersetzungen und Perspektiven der Umweltsoziologie*, Leske und Budrich, Opladen, 2001, 183-196.)

geschriebenen oder gesprochenen *Wissenstext*? Die Vermittlungshürden können vielfältig sein:

- *von der Tätigkeit zum Wort*: Nicht alle Teile einer Tätigkeit sind explizit vermittelbar. *Selbstverständlichkeiten* werden häufig verbal nicht berücksichtigt. Das Wissen bleibt mit dem Tun verbunden. Seine Verbalisierung erfordert größere Anstrengung bzw. kann manchmal nicht geleistet werden.[170]

- *vom Gedanken zum Papier*: Bereits Platon hat in seiner Schriftkritik im Phaidros (274b-277a) über das Übel des toten Wissens in der Schrift geklagt. Es besteht eine bestimmte Fremdheit zwischen dem Gedanken und dem, was zu Papier gebracht wird, die nur durch Erläuterung des geschriebenen Wortes bzw. überhaupt nicht überbrückt werden kann. Der Text kann sich nicht wehren, sich nicht gegen Missverständnisse verteidigen und dem Leser oder der Leserin anpassen, da diese mit ihren Vorkenntnissen oft anonym bleiben.

- *von einem zum anderen*: Das Vorverständnis der AkteurInnen in einem Gespräch bzw. zwischen LeserInnen und TextautorInnen ist ein unterschiedliches. Dadurch wird der „fremde" gesprochene oder gelesene Text verschieden (anders) aufgenommen und verstanden.

- *von einem Geschlecht zu einem anderen*: "Frauen denken anders"[171] ist der Titel von Rullmann und Schlegels Buch über die Unterschiede weiblichen und männlichen Denkens. Auch hier kann eine Fremdheit in der Sozialisierung des Denkens bzw. der Sprache bestehen, die ein Verständnis erschwert.

- *von einer Sprache zu einer anderen*: Verschiedene Sprachstrukturen, Redewendungen, Wortbedeutungen usw. haben wesentlichen Anteil an der Schwierigkeit der Übersetzung bzw. des Verstehens einer „fremden" Sprache. Auch dann, wenn die GärtnerInnen die Sprache des Gastlandes lernen, ist es für sie oft sehr schwierig, ihre Erfahrungen in der „neuen" Sprache auszudrücken.

---

170 Die Errichtung einer „mobilen Akademie" in den Interkulturellen Gärten in Deutschland versucht das Wissen der GärtnerInnen wahrzunehmen, aufzuzeichnen und in entsprechender Form in anderen Gärten weiterzugeben (auch zu Punkt: von einem zum anderen).
171 Rullmann M., Schlegel W., *Frauen denken anders,* Suhrkamp, Frankfurt am Main, 2000.

- *von einer „Kultur" zu einer anderen*: In verschiedenen Gesellschaftsgruppen entstehen Selbstverständlichkeiten, Traditionen und Auffassungen, die anderen Gruppen von Personen fremd sein können. Assmann spricht hier von einem „Komplex an symbolisch vermittelter Gemeinsamkeit"[172].

- *von einer Zeit zu einer anderen*: Texte entstehen in einem zeitlichen Kontext, welcher bei LeserInnen, die sich in einem anderen zeitlichen Kontext befinden, das Gefühl der Fremdheit entstehen lässt. Auch die Erfahrungen von einer Generation zur nächsten zu vermitteln, gelingt nicht ohne Hürden, da sich der Erlebnisrahmen über die Zeit stark gewandelt haben kann.

- *vom Wort zur Tätigkeit*: Die Umsetzung einer sprachlichen Umschreibung von einer Tätigkeit zu der Tätigkeit selbst macht häufig Schwierigkeiten. Die Übung wird aus der Umsetzung erst eine Fertigkeit machen, aber zuerst muss die Übertragung des Gedankens in ein Tun erfolgen.

Welches Wissen ist in einer Tätigkeit enthalten? Lässt sich dieses Wissen übermitteln und wenn ja, wie?
Michael Polanyis Studien über das *implizite Wissen* geben uns nicht nur Einblick, womit wir es dabei zu tun haben, sondern auch, wie seine Übermittlung – wenn überhaupt - möglich ist:

> An den Universitäten gibt man sich viel Mühe, den Studenten in praxisbezogenen Kursen beizubringen, wie man Krankheiten, Gesteinsproben und Pflanzen oder Tiere identifiziert. Alle deskriptiven Wissenschaften untersuchen ja Physiognomien, die nicht in Worten, nicht einmal in Bildern vollständig beschreibbar sind. Aber läßt sich dagegen nicht wiederum einwenden, daß die Möglichkeit, die äußere Erscheinung der Dinge in praktischen Übungen zu vermitteln, gerade beweist, daß wir unsere Kenntnis von ihnen sehr wohl ausdrücken können? Die Antwort lautet, daß wir einem Schüler die Bedeutung einer Demonstration nur vermitteln können, wenn wir uns auf seine intelligente Mitwirkung verlassen können. In der Tat beruht letztlich jede Definition eines Wortes, mit dem ein äußeres Ding benannt werden soll, zwangsläufig darauf, ein solches Ding vorzuzeigen. Ein solches Benennen-durch-Zeigen heißt >deiktische Definition<, und dieser philosophische Terminus verdeckt eine Lücke, die von einer Intelligenzleistung derjenigen Person überbrückt werden muß, der wir sagen wollen, was das Wort bedeutet. In unserer Botschaft lag etwas, das wir nicht in Worte zu fassen wußten, und beim Empfang muß man sich darauf verlassen, daß die angesprochene Person herausfinden wird, was wir ihr nicht vermitteln konnten. (Polanyi, Michael, 1985, 15)

---

172 Assmann (1997:139) zitiert nach Wimmer F.M., *Interkulturelle Philosophie*, WUV, Wien, 2004, 113.

Das heißt, der Anknüpfungspunkt zwischen gesprochenen (geschriebenen) und empfangenen Worten ist ein bereits vorhandenes Wissen. Nur dann, wenn es eine Übereinstimmung von gewissen *Selbverständlichkeiten* zwischen SenderIn und EmpfängerIn gibt, kann von einem Verständnis ausgegangen werden. Ist dies nicht der Fall, so wird die genauere Beschreibung hinzugezogen. Kann dadurch die Lücke nicht gefüllt werden, ist die *Demonstration* das Mittel der Wahl; spreche ich z.b. nicht die Sprache meines Gegenübers, so bin ich gezwungen, mich meiner *Hände-und-Füße* zu bedienen. Im *Benennen-durch-Zeigen* sind Informationen enthalten, welche der *zeigenden Person* entweder nicht explizit gegenwärtig sind oder welche sich generell explizit nicht ausdrücken lassen. Wenn es sich um *Selbstverständlichkeiten* handelt, so liegt es in der Sache selbst, dass sie der *zeigenden Person* so selbstverständlich sind, dass sie gar nicht daran denkt, sie explizit zu erwähnen. Diese Herausforderung kommt verstärkt gerade im interkulturellen Dia- bzw. Polylog zum Ausdruck, indem das Tätigsein Brücken zu einem Verstehen schlagen kann, welches verbal nicht vermittelt werden konnte. Gleichzeitig werden in den Interkulturellen Gärten interkulturelle Vermittlungsstrategien erarbeitet, welche auch für die Mehrheitsgesellschaft im Gastland von Bedeutung sein können.

Interkulturelle Gemeinschaftsgärten können Orte sein, an denen Wissen im Umgang mit Natur in tätiger Weise weitergegeben werden kann und eigene Erfahrung Wissen schafft. Sie können Anknüpfungspunkte sein, die sich real als Antwort auf eine bewusste Verlust- und Mangelerfahrung entwickelt haben.

3.7 *Erfahrung und Erfahrungen im aktiven Naturzugang*

In der Auseinandersetzung mit Natur wird neben der sprachlichen vor allem auch die künstlerische Herangehensweise an *Naturbilder* hervorgehoben. Die Naturästhetik gilt dabei als nichtverbale Darstellung und Interpretation von Natur. Beide sind Formen, *über* Natur nachzudenken bzw. sich zu vermitteln, sie stehen aber in einer Tradition, welche in einer Distanz zur außermenschlichen Natur steht. Zu Sprache und Kunst soll hier als *tätige* Auseinandersetzung die Erfahrung und der Austausch durch Naturerfahrung und durch Tätigsein hinzugefügt werden. Sprache und Kunst suchen das Neue herauszufinden - wie kann immer wieder neu über etwas gesprochen und gearbeitet werden, wie kann Natur in neuer Form dargestellt werden?

1. *Erfahrung* ist das, was im *hier und jetzt* erfolgt und 2. *Erfahrungen* sind die, welche schon gemacht wurden und mich aufgrund ihrer Wiederholung *erfahren machen*. Wir missachten häufig mit der Forderung nach immer

Neuem, was bereits an Erfahrungen gemacht wurde und worauf wir aufbauen, indem wir Vergangenheit und Gegenwart durch Zukunft ersetzen möchten. Wir wollen *unserer Zeit voraus sein*, alles andere wäre ein *Rückschritt*. Gegenwärtige unmittelbare Erfahrung und das Innehalten darin, was schon da ist, nützen und in der Gegenwart bleiben, ist altmodisch. Die Mode schaut in die Zukunft, welche da schon wieder nicht mehr modern ist. Das Moderne rückt das Unmoderne auf die Seite, nur manchmal wird in einer Zeit der Renaissance das ehemals Moderne wieder modern, es wird oberflächlich kopiert oder wächst wieder in die Gegenwart hinein. Heide Inhetveen beschreibt, wie manche *Revitalisierung* der Wurzbüschel-Tradition von *„orthodoxen" Kräuterfrauen* mit Spott bedacht werden. „Hier gehe es nur noch um weltliches äußeres Dekor und um Werbewirksamkeit, nicht aber um Segenswünsche für die eigene Familie während des nächsten Jahres" (Inhetveen, Heide, 2000, 211). Die *Wiederkehr der Gärten* ist auch eine Art Renaissance, eine Renaissance von etwas, das sich im Hintergrund erhalten hat und dort nie unmodern geworden ist. Die Gärten sind Schmuck, solange ihre Notwendigkeit sich auf eine Ästhetik reduziert, sie sind Notwendigkeit, wo ein Mangel an Lebensmitteln sie fordert und sie sind Verlangen, wo ein Mangel an Naturerfahrung empfunden wird. Ästhetik, Notwendigkeit und Verlangen suchen nach einer eigenen Erfahrung.
So unterscheiden wir, ob wir in der Zeitung von einer Kältewelle lesen oder vor die Tür treten und den kalten Wind im Gesicht spüren. Das Gelesene wird mit dem Erfahrenen in einen Zusammenhang gebracht und kann vielleicht erst durch die Erfahrung verstanden – be-griffen – werden. Erfahrung schafft Bezüge: Wenn ich zwischen der Erde meiner Heimat und der Erde des Ankunftslandes durch mein Tätigsein einen Bezug herstellen kann, so werden nicht nur Orte verbunden, sondern es entsteht eine Art Kontinuität zwischen Vergangenem und Gegenwart, und ich kann an etwas anschließen, was mir vertraut ist. Meine *neuen* Erfahrungen können in Beziehung gebracht werden mit *alten* Erfahrungen.
Heide Inhetveen verweist auf „die spezifische ökologische Aufmerksamkeit und Sensibilität gegenüber Umweltveränderungen oder -zerstörungen, die aufgrund der rituellen Wiederholung des Wurzens gefördert werden: Beim alljährlichen Sammeln der Wurzbüschelpflanzen sind Bäuerinnen oft die ersten, die das Verschwinden dieser Pflanze am gewohnten und gehüteten Standort bemerken" (Inhetveen, Heide, 2000, 209). Diese Sensibilisierung kann auch im Garten erfahren werden. Viele Wiederholungen sensibilisieren für Veränderungen, wenn die Aufmerksamkeit auf die Erfahrung fokussiert ist und das Urteil die unmittelbare Erfahrung mit vorhergehenden Erfahrungen in Verbindung bringt.
Die Wiederholung eines Experimentes bedeutet die Wiederholung einer Erfahrung, welche unter *kontrollierten Verhältnissen* herausgefordert wur-

de und für dessen Ergebnis wir Prognosen anstellen. Die Wiederholung eines Experiments unter kontrollierten Bedingungen erfolgt jedoch nur eine bestimmte Zeit lang, so lange, bis sich eine Hypothese bestätigt, zu einer Theorie werden kann (im günstigsten Fall) oder sich nicht bestätigt. In der Auseinandersetzung und Herausforderung der *Welt* – gemeint ist unsere Lebenswelt – machen wir Erfahrungen, die sich wiederholen, aber deren Bedingungen offen bleiben, weil sie in einem komplexen Raum stattfinden, welcher beliebige Variationen zulässt. Die Erfahrung, die wir in diesem für Variabilität offenen Bereich machen, lässt uns sensibel sein für die äußeren Transformationen, die Ähnlichkeiten und mehr oder weniger wahrscheinliche Wiederholungen aufweisen. Die Häufigkeit von sich wiederholenden, aber variierenden unmittelbaren Erfahrungen hinterlässt eine Intuition und transformiert unser Bewusstsein, indem es sich in Form intuitiver Erfahrung auszeichnet. Diese ist abhängig von der Zeit, in welcher wir Erfahrungen machen können. Wir benötigen Zeit, um wiederholte Erfahrungen machen zu können.

Kitaro Nishida schreibt folgendes über das von ihm als *reine Erfahrung* benannte Phänomen:

> Erfahren bedeutet, das Tatsächliche als solches zu erkennen; ohne alles Mitwirken des Selbst nach Maßgabe des Tatsächlichen zu wissen. Rein beschreibt den Zustand einer wirklichen Erfahrung als solcher, der auch nicht eine Spur von Gedankenarbeit anhaftet. Dem, was gewöhnlich Erfahrung genannt wird, ist hingegen immer ein irgendwie geartetes Denken beigemischt. Das meint zum Beispiel, daß wir in dem Augenblick, in dem wir eine Farbe sehen oder einen Ton hören, weder überlegen, ob es sich um Einwirkungen äußerer Dinge handelt, noch ob ein Ich diese empfindet. Selbst das Urteil, was diese Farbe und dieser Ton eigentlich sind, ist auf dieser Stufe noch nicht gefällt. Somit sind Reine und unmittelbare Erfahrung eins. In der unmittelbaren Erfahrung des eigenen Bewußtseinszustands gibt es noch kein Subjekt und kein Objekt. Die Erkenntnis und ihr Gegenstand sind völlig eins: Das ist die reinste Form der Erfahrung.[173]

Für Nishida gibt es eine Erfahrung vor dem Urteilen und Denken, es ist die *Reine Erfahrung*, welche unbeeinflusst durch Werte und Haltungen gemacht wird. In der Erfahrung stellt sich die Einheit des Bewusstseins dar, welche erst durch Urteil und denkende Analyse in Zusammenhang mit vorherigen unmittelbaren Erfahrungen gebracht wird. Die *Reine Erfahrung* stellt für Nishida ein Phänomen dar, in welchem Subjekt und Objekt eins werden durch die Vereinheitlichungskraft des Bewusstseins.

---

173 Nishida, Kitaro, *Über das Gute. Eine Philosophie der Reinen Erfahrung*, Insel, Frankfurt am Main, (Zen no kenkyu, 1911) 2001, 29.

Wir erblicken eine schöne, duftende Blume und in dem Augenblick, in dem wir uns vergessen und sie sehen, vergessen wir „uns" – in der Blume. Gleichzeitig verliert die Blume ihre Seinsweise als bloßes Ding oder Objekt vor unseren Augen (Heideggers „vorhanden") und erscheint real als sie selbst. Dies meint der Spruch „Ding und Ich vergessen einander".[174]

Der Bereich der *Reinen Erfahrung* fällt zusammen mit dem Bereich der *Aufmerksamkeit*[175], der Wille ist dabei ganz auf die *gegenwärtige Aktivität* gerichtet. „Die Reine Erfahrung ist die unmittelbare Erfahrung des Tatsächlichen-wie-es-ist."[176]
Die Praxis der Meditation scheint Nishida recht zu geben, in dem die unmittelbare Erfahrung durch das Zusammenfließen von Objekt und Subjekt intensiviert erlebt werden kann und von der Reinen Erfahrung zur intellektuellen Anschauung (vgl. Nishida, Kitaro, 63ff) übergeht.
„Wenn man zum Beispiel eine Farbe sieht und urteilt: >das ist blau<, klärt man damit die ursprüngliche Farbempfindung nicht, sondern setzt sie nur zu einer ihr gleichartigen, früheren Empfindung in Beziehung." Die Erfahrung wird also nicht durch eine gedankliche Bedeutungszuweisung bereichert, sondern ist in ihrer Abstrahierung, welche durch das Denken geleistet wird, im Bezug auf die ursprüngliche Erfahrung ärmer geworden.[177]
Damit kann die unmittelbare Erfahrung auch nicht ersetzt werden, weil sie die Basis unserer Urteile bildet.

> Durch allmähliche Übung gewinnen die Urteile eine strenge Einheit und nehmen ganz die Form der Reinen Erfahrung an. So wird zum Beispiel beim Erlernen einer Kunstfertigkeit das anfängliche Bewußte im Lauf der Vervollkommnung unbewußt. (Nishida, Kitaro, 2001,39)
> Intellektuelle Anschauung meint nun das Erfassen [des, UT] Einzeldings. Solcherart unmittelbare Wahrnehmung ist nicht der hohen Kunst vorbehalten, sie ist ein geradezu alltägliches Phänomen, wie es auch in unseren erprobten Tätigkeiten sichtbar wird. Die gewöhnliche Psychologie wird ihm den Namen Gewohnheit oder organische Funktion geben – vom Standpunkt der Reinen Erfahrung her gesehen, ist es der Zustand der Einheit von Subjekt und Objekt, der Verschmelzung von Wissen und Wille. Ein Zustand, in dem Ding und Ich einander vergessen haben, in dem weder das Ding das Ich bewegt noch das Ich das Ding. (Nishida, Kitaro, 2001, 66)
> Die Alten haben gesagt, daß sie den ganzen Tag über tätig waren und doch nichts taten. Von der unmittelbaren Wahrnehmung her gesehen, herrscht in der

---

174 Interpretation von Nishitani, Keiji, „Über das Gewahren", in: Stenger, Georg, Röhrig, Margarete, *Philosophie der Struktur – „Fahrzeug" der Zukunft?*, Alber, Freiburg/München, 1995, 88.
175 Nishida, Kitaro, 2001, 32.
176 Ebenda, 36. Damit ist nicht ein Ding an sich gemeint, sondern die Realität, welche sich durch die Wahrnehmung und den Vereinheitlichungsakt des Bewusstseins ergibt.
177 Ebenda, 37.

Mitte der Tätigkeit Ruhe, handelt man, ohne zu handeln. (Nishida, Kitaro, 2001, 68)

Nishida beschreibt in den vorangegangenen Zitaten sehr schön, wie sich Wissen durch wiederholte unmittelbare Erfahrungen in der Tätigkeit selbst als ein Unbewusstes manifestiert und als solches nicht mehr bewusst wahrgenommen wird. Es verschwindet im Tun, welches mit der tätigen Person eins wird.
Eine Fertigkeit erfordert wiederholte unmittelbare Erfahrung. Wir erfahren etwas, das uns erfahren macht. Die unmittelbare Erfahrung schafft und erhält, was wir Erfahrung in einer Tätigkeit nennen. Wenn jemand eine erfahrene Person ist, so hat diese mehrmalige unmittelbare Erfahrungen in einer Tätigkeit erlebt, miteinander in Verbindung gebracht und darüber Wissen erworben. Kann sie diese Erfahrungen nicht mehr machen, so verliert diese Person ihre Übung und die Erfahrung wird schwächer. Die Aufrechterhaltung benötigt also weitere unmittelbare Erfahrungen.
Implizites Wissen ist also in einer Tätigkeit gespeichert, welche sich durch wiederholte Ausführung erhält und die erweitert wird, indem durch Urteilen Vorstellungen und Wahrnehmungen miteinander in Verbindung gebracht werden.
Keiji Nishitani, ein Schüler Nishidas, betont in der Weiterführung von Nishidas Ausführungen die Einmaligkeit des *unmittelbaren Wissens*:

> Würde man dieses unmittelbare Wissen nun Empfindungswissen (kankakuchi) nennen, so könnte man von einer Art Wissen sprechen, die immer einmalig (ichidoteki) und bei jedem Mal einzig (yuiichiteki) ist. Dieses Wissen entsteht nur „hier und jetzt" (ima koko ni). Da Sehen und Hören immer nur Tätigkeiten im Hier und Jetzt sind, so erscheint auch das Gesehene und das Gehörte nie ein zweites Mal als das gleiche. Die Farbe und die Form des gesehenen Apfels verändert und wandelt sich ununterbrochen und ist in jeder Wahrnehmung einzig.[178]

Realität ist auch bei Nishida etwas subjektiv Erlebtes:

> In allem, was wir hören und sehen, ist unsere Individualität eingeschlossen. Selbst was wir dasselbe Bewußtsein nennen, ist nicht wirklich dasselbe. Die Vorstellungsbilder, die ein Bauer, ein Zoologe und ein Künstler von demselben Tier haben, sind völlig verschieden. Dieselbe Szene kann mir, je nach meiner Stimmung, hell und schön oder dunkel und traurig erscheinen. Ganz in dem Sinne, in dem es im Buddhismus heißt, daß je nach unserer Gemütslage die Welt einmal der Himmel, einmal die Hölle ist, so ist unsere Welt auf der Grundlage unseres Fühlens und Wollens errichtet. Dieser Relation kann man nicht entgehen, auch wenn man die Welt zu einem objektiven Erkenntnisgegenstand des reinen Intellekts erklärt. (Nishida, Kitaro, 2001, 85)

---

[178] Nishitani, Keiji, „Über das Gewahren", in: Stenger, Georg, Röhrig, Margarete, *Philosophie der Struktur – „Fahrzeug" der Zukunft?*, Alber, Freiburg/München, 1995, 83.

Objektivität ist das Ergebnis von Übereinkunft. Daher können in dieser Art der Betrachtung auch Fühlen und Wollen *objektiv* sein, in dem *sie überindividuelle Momente* einschließen und wir sie daher *verstehen* und *austauschen* können (vgl. Nishida, Kitaro, 2001, 87).
Sowohl im Zitat von Nishitani als auch von Nishida zeigt sich, dass Erfahrungen – und das daraus entstandene Wissen – etwas sind, das selbst gemacht werden muss, deren Tätigkeit nicht in gleicher Form von anderen übernommen werden kann. Die eigene Erfahrung *im hier und jetzt* unterscheidet sich von Erfahrungen, welche andere machen und sie mir mitteilen. Eine bestimmte Erfahrung ist in dieser Form an eine Person gebunden.
Durch die Möglichkeit, dass wir alle Wahrnehmungserfahrungen machen können, ist es uns auch möglich, uns darüber auszutauschen. Worüber wir uns austauschen, das ist das individuell Erfahrene bzw. das, was wir über unser Urteilen und Denken mit dieser Erfahrung verbunden und assoziiert haben. Trotzdem können Erfahrungen, welche wir mit anderen machen – auch wenn sie jede und jeder für sich selbst anders erfährt –, verbinden. In der gleichen Erfahrung sind wir auch untereinander durch die gemeinsame Erfahrung verbunden. Die Darstellung der Reinen Erfahrung durch Nishida verbindet auch Lebewesen über Art- und Kulturgrenzen hinweg. Tiere wie Menschen sind zu dieser Reinen Erfahrung befähigt (vgl. Nishida, Kitaro, 2001, 33). Da die Reine Erfahrung noch vor Urteil und Assoziation stattfindet, ist die Wahrnehmung nicht von kulturellen Werten beeinflusst.
Das Wissen, das durch die Wahrnehmung aufgenommen wird, bezeichnet Nishitani als *Wissen in der Sinnlichkeit* und betont seine zu Unrecht untergeordnete Stellung (vgl. Nishitani, Keiji, 1995, 89).
An diese Erkenntnisse scheint Michael Polanyi mit seinen Ausführungen über Implizites Wissen anzuschließen. Heide Inhetveen bezieht sich in ihrem Aufsatz über die „Wurzbüschel" auf Polanyi, wenn sie schreibt:

> Erleben, Einfühlung und Körpergebundenheit sind ihm zufolge wichtige Aspekte beim Erwerb des impliziten Wissens. Auch die Festigung der inneren Pflanzenbilder wird durch eine gewisse Aufmerksamkeit und die Beteiligung der Sinne, vor allem des Sehens, Riechens, Schmeckens, unterstützt und bedarf in der Regel längerer Übung. Dabei scheint Bilderwissen zeitlich nachhaltiger zu sein als begriffliches Wissen. (Inhetveen, Heide, 2000, 203)

Erfahrung im Umgang mit außermenschlicher Natur erfordert in jedem Fall eine immer neuerlich gemachte unmittelbare Erfahrung von Natur und vom Tätigsein im Naturzugang. Diese Erfahrung lässt sich dann an Adornos „Kommunikation mit Unterschiedenen" anlehnen; diese immer wieder neue Erfahrung wird zu einem tätigen Gespräch – zwischen mir und meiner menschlichen und nichtmenschlichen Umgebung – und verweist auf die Unvollständigkeit der Kommunikation über Erfahrung durch begriffliche Sprache. Die Übermittlung *im Tun,* in der Tätigkeit selbst, hat eine andere Qualität der Kommunikation. Der Stellenwert dieser Kommunikationsform erscheint in der Öffentlichkeit gering bzw. ist nicht so präsent, die rein kognitive, geistige, durch Sprache ausgetauschte Kommunikationsweise wird hoch geschätzt, unterscheidet sich aber ganz wesentlich von der tätigen Vermittlung und ist in ihrer Übermittlung von Anwendungen in anderer Form begrenzt.

In den Gemeinschaftsgärten erfolgt ein tätiges Gespräch zwischen GärtnerInnen und Garten, indem sich die GärtnerInnen mit dem Garten als Natur aus-einander-setzen und diese Erfahrung mit anderen GärtnerInnen teilen. Es ist ein Polylog zwischen Menschen sowie Mensch und außermenschlicher Natur, der vorerst ohne Worte auskommt. Die Erfahrung wird geteilt und verbindet. Das Ergreifen der Erde (Tätigkeit) macht ergriffen (Erfahrung) und greift um sich (Austausch). Ein Erfahrungsaustausch ist nur dadurch möglich, dass wir selbst Erfahrungen machen (können). Unsere eigenen Erfahrungen sind die Basis dessen, was wir an anderen Erfahrungen verstehen.

> Ich habe sehr viel gelernt, aber nichts verstanden. Ich bin immer mehr davon überzeugt, daß man die Differenz von Welten nicht überbrücken, sondern nur erfahren kann. Vielleicht ist die Differenz von Welten tiefer aufgerissen als die ontologische Differenz. Je tiefer die Abgründe erfahren werden, desto freundlicher begegnen sich die Menschen. Darin liegt viel Sinn.[179]

3.8 Fähigkeitenansatz

Zu Beginn dieses Kapitels habe ich den Ansatz von Amartya Sen vorgestellt, in welchem er den Lebensstandard anhand von Verwirklichungschancen bzw. Fähigkeiten festmacht (*Fähigkeitenansatz, Capabilities Approach*). Hierbei wird der Lebensstandard danach gemessen, inwieweit eine Person fähig ist, „dieses zu tun oder jenes zu sein" (Sen, Amartya, 2000, 20). Was er unter Fähigkeit versteht, wird aus dem nachfolgenden Zitat deutlich:

> Eine tatsächliche Möglichkeit ist etwas, das wirklich erreicht wurde, wohingegen eine Fähigkeit das Vermögen ist, etwas zu erreichen. Tatsächliche Möglichkeiten sind direkter mit den Lebensbedingungen verbunden, denn sie stellen verschiedene Aspekte der Lebensbedingungen dar. Fähigkeiten sind dagegen im positi-

---

[179] Stenger, Georg, Röhrig, Margarete, *Philosophie der Struktur – „Fahrzeug" der Zukunft?*, Alber, Freiburg/München, 1995, 133.

ven Sinn mit Freiheit verbunden: Welche realen Chancen hat ein Mensch, das Leben zu führen, das er führen möchte. (Sen, Amartya, 2000, 64)

Der Lebensstandard kann demzufolge danach beurteilt werden, inwieweit jemand die Möglichkeit hat, eigene Lebensziele zu definieren und zu realisieren. Wie bereits ausgeführt, ist dies vor allem dann von Bedeutung, wenn sich Menschen in sehr schwierigen Lebenssituationen befinden – wie dies in den genannten Problemkreisen von Armut, Migration und Arbeitslosigkeit der Fall ist – und die Frage entsteht, inwieweit und wodurch Bedingungen geschaffen werden können, um ihren Lebensstandard zu steigern.

Was Sen aus seinen Untersuchungen in allgemeiner Form ableitet und darlegt, findet in Anlehnung an Aristoteles bei Martha Nussbaum eine Spezifizierung in elf Fähigkeiten, welche sie wie folgt definiert:

1. Die Fähigkeit, ein volles Menschenleben bis zum Ende zu führen; nicht vorzeitig zu sterben oder zu sterben, bevor das Leben so reduziert ist, daß es nicht mehr lebenswert ist.
2. Die Fähigkeit, sich guter Gesundheit zu erfreuen; sich angemessen zu ernähren; eine angemessene Unterkunft zu haben; Möglichkeiten zu sexueller Befriedigung zu haben; sich von einem Ort zu einem anderen zu bewegen.
3. Die Fähigkeit, unnötigen Schmerz zu vermeiden und freudvolle Erlebnisse zu haben.
4. Die Fähigkeit, die fünf Sinne zu benutzen, sich etwas vorzustellen, zu denken und zu urteilen.
5. Die Fähigkeit, Bindungen zu Dingen und Personen außerhalb unserer selbst zu haben; diejenigen zu lieben, die uns lieben und für uns sorgen, und über ihre Abwesenheit traurig zu sein; allgemein gesagt: zu lieben, zu trauern, Sehnsucht und Dankbarkeit zu empfinden.
6. Die Fähigkeit, sich eine Vorstellung vom Guten zu machen und kritisch über die eigene Lebensplanung nachzudenken.
7. Die Fähigkeit, für andere und bezogen auf andere zu leben, Verbundenheit mit anderen Menschen zu erkennen und zu zeigen, verschiedene Formen von familiären und sozialen Beziehungen einzugehen.
8. Die Fähigkeit, in Verbundenheit mit Tieren, Pflanzen und der ganzen Natur zu leben und pfleglich mit ihnen umzugehen.
9. Die Fähigkeit, zu lachen, zu spielen und Freude an erholsamen Tätigkeiten zu haben.
10. Die Fähigkeit, sein eigenes Leben und nicht das von jemand anderem zu leben.
11.(=10a) Die Fähigkeit, sein eigenes Leben in seiner eigenen Umgebung und seinem eigenen Kontext zu leben. (Nussbaum, Martha, 1999, 57)

Für Martha Nussbaum lässt sich also *Gutes Leben* anhand dieser 11 Fähigkeiten ausmachen. In der Folge möchte ich aufzeigen, inwieweit interkulturelle Gärten Bedingungen schaffen, welche für die GärtnerInnen Möglichkeiten bieten, die angeführten Fähigkeiten zu realisieren:

- *sich angemessen ernähren:* Die Möglichkeit in den Gemeinschaftsgärten Nahrungsmittel anzubauen, welche aus der Heimat bekannt und geschätzt sind, eröffnet für die MigrantInnen einen kulinarischen Anschluss an Bekanntes, die Nachbarschaft mit anderen aber auch einen Austausch mit Unbekanntem, welcher ein freiwilliger ist, wohingegen das Ausgesetztsein einer fremden Nahrungswelt oft als Zwang empfunden wird. Der biologische Anbau in den Gärten soll unbelastete Nahrungsmittel produzieren, welche häufig in der *Fremde* unerschwinglich werden, im Herkunftsland aber oft zu einer Selbstverständlichkeit zählten.
- *sich von einem zu einem anderen Ort bewegen:* Viele Frauen, welche gewohnt waren, in großen Familienverbänden zu leben, fühlen sich in den Ankunftsländern in ihren Wohnungen isoliert und allein. Kulturelle Strukturen und oft patriarchale Muster, aber auch fehlende Personen, welche getroffen werden könnten bzw. fehlende Orte, wo ohne Gesichtsverlust Treffen stattfinden können, bedingen diese Isolierung. Gärten sind traditionelle Orte der Frauen – beinahe überall auf der Welt. Daher bedeuten diese Gemeinschaftsgärten Orte, welche aufgesucht, wo andere Personen getroffen werden können und ein Austausch und ein Weg aus der Isolation möglich wird. Sie ermöglichen den Weg nach *Draußen*.
- *freudvolle Erlebnisse haben; Lachen, spielen und Freude an erholsamen Tätigkeiten haben:* Die tätige Selbstbestimmtheit unter anderen freiwillig Tätigen bietet Freude am aktiven Naturzugang, die ausgetauscht werden kann. Die Begegnungen mit anderen im regelmäßigen Kontakt, aber auch in Form von Veranstaltungen und Festen werden häufig als freudvoll erlebt. Die Gärten können manchmal Anschluss an freudvolle Erfahrungen der Vergangenheit darstellen.
- *die fünf Sinne benutzen:* Das In-der-Erde-graben, Die-Düfte-des-Gartens-riechen, Die-Geräusche-der-natürlichen-Umgebung-hören, Die-vielfältigen-Farben-und-Formen-der-Pflanzen-wahrnehmen und Den-Geschmack-der-verschiedenen-Kräuter-und-Gemüsepflanzen-auf-der-Zunge-zergehen-lassen. Viele Sinne werden im Garten berührt und geschärft und geben Anlass zu unmittelbarer Erfahrung.
- *Bindungen zu Personen außer unserer selbst haben* und *Verbundenheit mit anderen Menschen erkennen und zeigen:* In den Gärten entstehen neue Beziehungen und Freundschaften zwischen den GärtnerInnen. Sie können verlorene Beziehungen nicht ersetzen, aber sie bilden neue soziale Gefüge, welche neue Bindungen und Verbundenheiten einschließen und zulassen.
- *in Verbundenheit mit Tieren, Pflanzen und der ganzen Natur leben und pfleglich mit ihnen umgehen:* Die Gärten sind Orte, wo der

pfleglicher Umgang mit Natur im Zentrum steht und ein interkultureller Austausch über diesen stattfindet. Umweltbildungsprojekte fördern diesen pfleglichen Umgang im alltäglichen Tun, wodurch es zu einer verstärkten Sensibilisierung für Belange des Naturumgangs kommt.

- *sein eigenes Leben in seinem eigenen Kontext und nicht das von jemand anderem leben:* Die Migration bedeutet für viele einen Schnitt in der Kontinuität ihres Alltags. Um an Bekanntem wieder Anschluss zu finden, bieten sich häufig wenige Möglichkeiten. Durch die Umgebung des Gartens können aber alte Gewohnheiten und Fähigkeiten aufgegriffen und an Bekanntes angeschlossen werden. Die Verknüpfung von Neuem und Eigenem kann im eigenen Kontext erlebt werden, ohne Zwang und ohne Assimilation.

Die Bewältigung der Notsituation, in welche MigrantInnen geraten können, erleben sie in den Gemeinschaftsgärten als aktive GestalterInnen in der Realisierung ihrer Fähigkeiten, welche an bekannte Situationen anschließen oder sinnstiftend neue Perspektiven eröffnen. Die interkulturellen Gemeinschaftsgärten stellen somit Einrichtungen dar, welche tätige und selbst bestimmte Bewältigungsstrategien zulassen und Wege in weitere Räume freimachen. Die gegenseitige Achtung und Unterstützung und das Wahrnehmen von Verwirklichungschancen sind wesentliche Elemente dieser subsistenten Strukturen.

4 Garten und das Gute Leben

4.1 *Der Garten*

Ein Garten kann nur schwer wirklich ganz und gar angeeignet werden. Die höchste Mauer als Einfriedung lässt Austausch zu. Nur die Laborbedingungen eines technisch geführten Glashauses scheinen kontrollierte Bereiche zu schaffen, aber lässt sich dies noch als Garten definieren? Was ist ein Garten?
Der Garten stellt eine aktive Auseinandersetzung der Menschen mit der außermenschlichen Natur dar. Er ist Symbol dafür, wie wir mit Natur umgehen, welchen Stellenwert sie für uns hat. Er ist Ausdruck unseres Naturverständnisses, unserer Lebensumstände, unserer Erfahrungen, unserer Geduld, aber auch unserer Neugierde. Der Garten zeigt sich als Einflussbereich seiner menschlichen und nichtmenschlichen Umgebung und ist sein Ergebnis. Er ist jener Ort, wo sich die Menschen mit der außermenschlichen Natur verbünden, sie formen, aber ihr auch einen Raum geben können. Er ist Nutzungs-, Beobachtungs- und Aktionsraum. Er ist ein Außen und ein Innen zugleich, indem er Teil des Wohn-raumes und gleichzeitig Teil der *äußeren Landschaft* ist. Gärten sind ein „Mein" und ein „Ihr" zugleich, d.h. sie werden *rechtlich besessen*, ohne dass es möglich ist, sie anderen Einflüssen zu entziehen und sie ganz zu be-sitzen, die Natur – als vom Menschen unabhängige Prozesse – verändert sich ohne menschliches Zutun und die verschiedenen Lebewesen agieren in unterschiedlichen Kontexten, aber im gleichen Lebensraum. Sie stehen in einer Naturgemeinschaft, die gegenseitig aufeinander Einfluss nimmt. Der Klein*lebens*-raum Garten nimmt somit ebenfalls Einfluss auf seine Umgebung, durch das, was und wie er ist. Die Menschen herrschen im Garten, bekämpfen oder fördern die Natur im Garten, betreuen und pflegen einen Garten, leben von ihm, erholen sich in und mit ihm oder beobachten ein selbständiges Verändern, indem sie es zulassen; aber auch dieses bleibt nicht ohne menschlichen Einfluss, da die Veränderungen in einem größeren Kontext – Welt, die von verschiedenen Lebewesen bewohnt und beeinflusst wird - stehen. Die Veränderungen, die durch Lebewesen vorgenommen werden, gehen meist über ihren konkreten Aktionsradius hinaus. Wir agieren als Menschen in einem bestimmten Lebensraum und einer Aktionsgemeinschaft. Wie sehr uns dieser *gemeinsame Lebensraum* bewusst wird, zeigt sich in unserem Garten.
Wir holen in den Garten, was wir als Natur sehen und was wir um uns haben wollen, was uns vertraut ist oder vertrauenswürdig erscheint, woran

wir uns gewöhnt haben oder woran wir uns gewöhnen möchten, wovon wir leben und was wir zum Leben notwendig brauchen.

Gärten sind anders als Häuser. Das Haus besteht aus Materialien, die ursprünglich aus der Natur stammen, meist auf den Zweck des Hauses hin umgeformt werden und für eine dauerhafte Nutzung „Haus" (Schutz und Wohnraum) eingesetzt werden. Die natürlichen Veränderungen des Hauses sind meist *ungewollt* und gegen die Ansprüche und Bedürfnisse der Menschen gerichtet („Abbau"). Die Menschen versuchen, ihnen entgegen zu wirken.

Im Garten möchten die Menschen die Veränderungen durch die Natur „kontrolliert" fördern. Das Wachstum soll angeregt werden, da wo es gewünscht wird. Was und wie es gewünscht wird, steht im Einflussbereich der Kultur (*cultura*: Pflege des Ackers[180]) und stellt damit auch ein Stück *Heimat* („Ort, Land, ... wo man zu Hause ist")[181] dar. Garten ist ein „umzäuntes kleineres Stück Land zum Anbau von Nutz- und Zierpflanzen" und bezeichnet einen bestimmten „Kreis" um uns („schwed. *ga'rd*, got. *gards* ,Haus, Familie, Hof')[182]. Wir holen uns Teile der außermenschlichen Natur herbei, Natur, wie wir sie uns vorstellen und wünschen - die *gute Natur*, die uns erfreuen und laben soll. Ästhetik, Geschmack und Nutzen hängen von Kultur und unserem Lebensstil ab. Außermenschliche Natur in unserem Aktionsbereich ist Teil unseres (Guten) Lebens und demnach - unterschiedlich stark geformt - Ausdruck eines Selbstverständnisses, das sich in unseren Gärten widerspiegelt oder Ausdruck eines maximalen ökonomischen Nutzens, den wir dem Boden abgewinnen möchten und den wir je nach unseren Möglichkeiten realisieren oder nicht.

Ob Ästhetik oder ökonomischer Nutzen in der Gartengestaltung im Vordergrund stehen, hängt von der Lebenssituation der Gestaltenden ab. So schreibt Elisabeth Meyer-Renschhausen:

> Lange hatten wir uns daran gewöhnt, Gärten als eine bloße Dekoration etablierten städtischen Wohlstands zu sehen. Heute hingegen entdecken wir die Notwendigkeit von Gärten. In Afrika dienen sie zum schlichten Überleben, in New York werden sie zum Schutz gegen die unvermeidliche soziale Desintegration in Slums und Ghettos. In Europa, West wie Ost, bieten sie einen Halt in Zeiten des wirtschaftlichen Niedergangs. (Meyer-Renschhausen, 2002,1)

---

180 *Etymologisches Wörterbuch des Deutschen*, dtv, 2000, 743.
181 Ebenda, 525.
182 Ebenda, 399.

Mit der Notwendigkeit (Notsituationen) wird uns auch die Eingebundenheit in die Natur deutlich, aber nur dann, wenn wir die Fähigkeiten, die mit unserer Existenz verbunden sind - d.h. die Fähigkeit, Lebensmittel zu produzieren – erlernt haben. Denn auch dieses Wissen wird immer mehr der Spezialisierung übereignet, was bedeutet, dass viele Menschen im Riss der Kette aufwachsen, die dieses Wissen von Generation zu Generation weitergibt. Die meisten Grundschulen bieten kein Lehrfach (mehr) an, wo dieses Wissen als *explizites* oder *implizites Wissen* vermittelt wird [183].
In den Detroiter Community Gardens sorgt z. B. eine Gruppe von Pensionistinnen, welche sich „Garden Angels" nennen, dafür, diesen Riss zu beseitigen, indem sie den GärtnerInnen beratend zur Seite stehen. „Ähnlich ist es in vielen Städten, wie etwa auch in Indianapolis, wo Rentnerinnen als „master gardeners" neuen Gartengruppen über die Anfangsschwierigkeiten hinweghelfen.[184] Die Gemeinschaftsgärten stellen also eine Art Überbrückung des Verlustes von generationenübermitteltem Wissen dar.

Die Nahrungsmittel aus dem Supermarkt werden zu unerreichbaren Gütern, wenn wir nicht die Möglichkeit haben, das Geld zu erwerben, um sie uns anzueignen. Auf der anderen Seite müssen aber auch Land, Wasser und Saatgut zur Verfügung stehen, um die eigene Lebensmittelversorgung selbst in die Hand nehmen zu können.
Damit ergeben sich drei Fragen, die als charakteristisch für die „spezifischen Ressourcen der Informellen Ökonomie" zu sehen sind: „Kann ich das? Hab ich das? Kenn ich einen oder eine, der/die das kann oder hat?"[185]. Umgelegt auf die Gärten bedeutet dies: Verfüge ich über das Wissen, meine Lebensmittel selbst anzubauen? Habe ich Zugang zu Land, Wasser und Saatgut, um meine Selbstversorgung zu realisieren? Kenne ich jemanden, der/die mir das Wissen übermitteln bzw. den Zugang verschaffen kann?
Der Garten als Klein- oder Kleinstlandwirtschaft bietet als informeller Sektor die notwendige Selbstversorgung, v. a. dann, wenn der Zugang zum

---

183 Obwohl das Ziel der Grundausbildung in der ehemaligen DDR der Einstieg in die kollektive Landwirtschaft war, so gab es in den meisten Schulen eigene Schulgärten, die von den SchülerInnen bewirtschaftet wurden, indem sie sich hier das notwendige Wissen (im Unterricht) aneigneten. Auch diese Schulgärten fallen seit der Wende einer Erneuerung (Verwestlichung) zum Opfer.
184 vgl. Meyer-Renschhausen, Elisabeth, *Unter dem Müll der Acker*, Ulrike Helmer, Königstein/Taunus, 2004, 32.
185 Heide Inhetveen (in: Meyer-Renschhausen, 2002, 19) bezieht sich hier auf die Arbeit einer Gruppe von IndustriesoziologInnen aus Bremen, die sich mit Ressourcen und Potentialen der Informellen Ökonomie („bezeichnet ökonomisch relevantes Handeln, das in einer relativen Ferne zum kapitalistischen Markt und zu staatlichen Einmischungen steht") beschäftigt.

formellen Sektor versperrt ist. Kennzeichnend für die informelle Ökonomie sind die sozialen Netzwerke, innerhalb derer agiert wird. Besonders prekär ist die Situation dann, wenn diese Netzwerke aufgrund von erzwungenem Ortswechsel (z. B. Flucht) wegfallen. Gleichzeitig bauen v.a. Menschen, welchen der Zugang zu verschiedenen dringend benötigten Ressourcen fehlt, solche informellen Netzwerke auch wieder auf, da sie ihr Überleben sichern. Not macht erfinderisch und Mangel schafft Institutionen. Aus solchen Mangelerfahrungen heraus entwickelten sich auch Institutionen wie die Interkulturellen Gärten in Deutschland oder Community Gardens in den USA und Kanada.

Der fehlende aktive Naturzugang wird hier als Mangel erfahren - aus verschiedenen Gründen:

- Zu wenig Geld für angemessene Nahrungsmittelversorgung
- Die vorhandene Nahrungsmittelversorgung entspricht nicht der gewohnten (kulturelle Differenzen von Arten und Sorten und Qualität)
- Bedürfnis, die eigenen Lebensmittel selbst (biologisch) anzubauen
- Erfahrung von politischer Ohnmacht und fehlende Eigenmacht
- Fehlende Erfahrung des Gemeinsamen (Natur als etwas Gemeinschaftliches[186] und Tätigsein in der Gemeinschaft)
- Fehlen des gewohnten Um- und Tätigkeitsfeldes, das Identität schafft
- Gemeinsame aktuelle Erfahrungen fehlen (soziale Netzwerke), über die kommuniziert werden kann
- Die Fähigkeit, geben zu können, wird genommen[187], die Menschen werden zu passiven Empfängern
- Austausch (Kommunikation) über Naturerfahrungen fällt weg und damit die Vermittlung, Weitergabe und Entwicklung von theoretischem, aber vor allem praktischem Wissen über Natur und Umgang mit Natur.

---

186 Illich, I., *Recht auf Gemeinheit*, Reinbek bei Hamburg, 1982.
187 Mauss, M., Die Gabe. Form und Funktion des Austauschs in archaischen Gesellschaften, Suhrkamp, Frankfurt am Main, 1990 (1968), Müller, C., Wurzeln schlagen in der Fremde, ökom verlag, München, 2002.

4.2 Wie aus ArbeiterInnen GärtnerInnen werden oder Städtische Gärten als Orte der Bewältigung?

Im Kapitel *Wie aus BäuerInnen ArbeiterInnen werden oder die unfreiwillige Entfremdung* habe ich in einem Exkurs darauf hingewiesen, wie durch Industrialisierung und voranschreitende Verstädterung der Naturzugang der Menschen immer mehr eingeschränkt wurde und damit auch der Begriff der Arbeit eine Wandlung vollzogen hat. Der Zwang zur fremdbestimmten Arbeit hat Menschen aus ihrem *natürlichen*[188] Umfeld gerissen, da im Zuge der arbeitsteiligen Gesellschaft und der damit verbundenen Industrialisierung Arbeitskräfte als *humane Ressourcen* benötigt wurden.

Gernot Böhme weist darauf hin, dass mit dem 17. und 18. Jahrhundert die altgriechische Dichotomie von Natur und Stadt (Zivilisation) seine Ausprägung findet, indem „Zivilisation zur bürgerlichen Zivilisation wird" und „ferner produktiv bearbeitete Natur, d.h. Äcker, Obst- und Gemüsegärten, aus der Stadt gedrängt werden". Die Natur sei, so zitiert er Schiller, „aus der Menschheit verschwunden" (Böhme, Gernot, 1989, 60-61). Als Menschheit ist der bürgerliche Städter gemeint.

Das Verhältnis Stadt und Natur rückte aber vor allem dann wieder ins Blickfeld, als die Städte schon von einem *Landleben* entfernt waren.

> Da der Standpunkt des zivilisierten Städters durch Ferne und Entfremdung von der Natur, durch einen Mangel an Natur in seinem Lebenszusammenhang gekennzeichnet ist, verbindet sich mit der Vorstellung von Natur die Sehnsucht nach einer Erlösung von der Last und Beengung zivilisierten Lebens. Das impliziert nostalgische Reminiszenzen an eine unschuldige Kindheit, Staunen und Bewunderung darüber, daß Ordnung, Einheit und Zweckmäßigkeit in der Natur von selbst da sind, während der zivilisierte Mensch meint, sie sich durch Disziplin und Rationalität abtrotzen zu müssen. Und schließlich wird mit der Vorstellung Natur die von Gesundheit verbunden, das „Hinaus in die Natur" ist eine diätetische Maxime. (Böhme, Gernot, 1989, 61)

Das „Leiden am zivilisatorischen Zustand und am städtischen Leben"[189] ist als Ursache dieser neuzeitlichen Zuwendung des städtischen Menschen zur Natur zu sehen. Die Menschen in der Stadt versuchen dem Mangel und dem Leiden entgegenzuwirken, indem sie sich die Natur in die Stadt wieder hereinholen. Dies erfolgte vorerst in Form von Parks. Das Hereinholen ist aber noch keine wirkliche Entgegenwirkung der Entfremdung von

---

[188] Damit ist gemeint, dass ihnen damit oft der Naturzugang und die Möglichkeit der Selbstversorgung genommen wurde, ohne dass sie sich in vielen Fällen selbst dazu entschieden hätten.

[189] Böhme, Gernot, *Für eine ökologische Naturästhetik.*, edition suhrkamp, Frankfurt/M. 1989, 61.

der Natur, es ist eine Verwandlung der „Außenbeziehung in eine äußerliche Beziehung"[190].
Mit steigender Wohndichte (Urbanisierung) verringert sich auch die Lebensqualität der Städte und damit wächst der Wunsch nach Grün-Raum. Mit dem *Grün* werden verschiedene Vorstellungen verbunden, die im Zuge der Verstädterung auch romantisiert und vielfach symbolisch besetzt sind. Gleichzeitig aber wird von vielen das Fehlen *des Grüns* als Mangel wahrgenommen und das Grün selbst – zumindest als das Andere von Beton und Asphalt -, als Ausgleich, Erholung und Freiraum gewünscht. Werden die Lebensumstände als *Existenz gefährdend* wahrgenommen, so kann der Zugang zu Natur als Existenz wahrend, als lebensnotwendig erachtet werden. In beiden Fällen wird Raum benötigt, um der Mangelerfahrung zu begegnen und Fähigkeiten in tatsächliche Möglichkeiten zu verwandeln (siehe Kapitel *Lebensstandard und Verwirklichungschancen* und *Fähigkeitenansatz*).

Städteplanerische Konzepte können als Reaktion auf bestehende Missstände und gesellschaftliche bzw. politische Entwicklungen angesehen werden. Anhand eines kurzen Exkurses, welcher Frank Lohrbergs Ausführungen über „Stadtnahe Landwirtschaft in Stadt- und Freiraumplanung"[191] folgt, möchte ich der Bedeutung der Gärten in den Städten nachgehen, wie sie sich v.a. für Deutschland, z. T. auch für Österreich zwischen 1870 und 2000 zeigt.

4.2.1 1870 – 1920
Der Beginn der Gründerzeit ist von einem industriellen Aufschwung und dem Einsetzen des Frühkapitalismus geprägt.

> Große Arbeitersiedlungen entstehen in Nähe zu den Industriestandorten. Sie sind durch Armut und Arbeitslosigkeit sowie durch hohe Wohndichte, unzureichende Wohnstandards und einen Mangel an Freiräumen geprägt. (Lohrberg, Frank, 2001, 6)

Auf diese „immense Verschlechterung der Lebensqualität in den Städten" reagierten Stadtraumkonzepte mit dem Versuch, das Stadtklima durch „kommunale Grünflächen" zu verbessern. Darunter werden malerische Parks und Grüngürtel gesehen, welche v.a der Dekoration und dem äußeren Wohlgefallen der Stadtbewohner dienen sollen. Es steht die ästhetische Wirkung des *Grüns* im Vordergrund. Städtische *Landwirtschaft*

---

190 Ebenda, 64.
191 Lohrberg, Frank, *Stadtnahe Landwirtschaft in der Stadt- und Freiraumplanung*, Dissertation an der Universität Stuttgart, 2001.

wird dabei als „Kulisse" wahrgenommen. Auch der Wiener Wald- und Wiesengürtel, der um die Jahrhundertwende entstand, auf das Konzept des „Grünen Ringes" von Gräfin Adelheid zu Dohna-Poninska (1874) zurückgeht und die Stadt räumlich nach außen abschloss, galt der „Erholung und Stadtdurchlüftung". „Die landwirtschaftliche Nutzfläche wandelt sich zum Aufenthaltsraum für die Erholung, der Landwirt selbst wird zum Objekt ästhetischer Betrachtung"[192]. Dohna-Poninska ist jedoch in dieser Zeit eine der ersten, welche in ihrem Konzept für den aktiven Naturzugang eintritt.

> So fordert sie die Errichtung verschiedenster Gartentypen, in denen Kinder und Jugendliche sich erholen können und gleichzeitig garten- und ackerbaulich geschult werden. Die „Erholung in freier Natur" sei „für die Kindheit und Jugend unerlässlich und notwendig, damit eine großstädtische Bevölkerung nicht von Generation zu Generation mehr und mehr ... physisch verkümmere und moralisch verderbe." (Lohrberg, Frank, 2001, 14)

4.2.2 1920 – 1933

In diesem Zeitabschnitt treten Gärten als städtebaulich bedeutende Flächen in den Vordergrund, ganz besonders bedingt dadurch, dass aufgrund von Hunger und Nahrungsmittelverknappung als Auswirkungen des Ersten Weltkrieges der Lebensmittelproduktion politisch große Bedeutung beigemessen wird. An die Stelle von Erholungsparkanlagen treten Nutzgärten, die mehrere Funktionen erfüllen: die Funktionen der Selbstversorgung, der allgemeinen Erholung (da als Parkersatz für die Allgemeinheit durch Wege zugänglich) und der Stadtkassenentlastung (da Selbstversorgergärten, im Gegensatz zum Park, welcher von der Stadt erhalten werden muss, von den Anrainern bewirtschaftet werden).

> So wirbt Migge (1913:21) für den Nutzgarten und versucht, „...dem alten Vorurteil zu begegnen, dass Obst- und Gemüsegärten etwas Hässliches wären, dass sie hässlich sein müssten, weil sie eine nüchterne Unterlage haben." (Lohrberg, Frank, 2001, 31)

Die Konzepte dieser Zeit folgen dem Leitmotiv der Dezentralisation, welche nach Lohrberg durch die Gründung der Weimarer Republik möglich werden.
Das Konzept der *Gartenstadt* (nach Ebenezer Howard, 1898), das in dieser Zeit Bedeutung erlangt, ist „eher eine Stadt in einem Garten – also in schöner Umgebung – als eine Stadt mit Gärten"[193]. Trotzdem ist dieses Konzept gekennzeichnet von einer engen Verwebung von städtischen und ländlichen Strukturen. Im Vordergrund liegt dabei auch die Nützlichkeit, da

---

[192] Ebenda, 11.
[193] Ebenda, 19.

die Nähe Transportwege verkürzt, Direktvermarktung gut ermöglicht und die nahe *Landwirtschaft* auch organische „Abfallstoffe der Stadt aufnehmen" kann.[194]
„Das grüne Manifest" von Leberecht Migge enthält ganz wesentlich den Selbstversorgungsgedanken als zentrales Motiv. „Die Nutzgärten sollen nicht fliegende Pachtlappen, sondern „richtige Gärten", beglaubigte Vorläufer von Siedlungen sein. Diese sollen Selbstversorgergärten (80 qm pro Kopf) mit allen Schikanen haben. Siedler, Pächter und Grünanteiler sollen Selbstbestimmung haben." (Migge, 1919). Migge fordert „Öffentliche Gärten – für die stadtgebundene Jugend", „Pachtgärten – für die stadtgebundenen Häusler", „Siedlungen – für die stadtgebundene Arbeit" und „Mustergüter – für die Unversorgten"[195]. Sein Bestreben liegt darin, die Kleingartenkolonie als öffentliche Grünfläche auszubauen: „Kleingärten sind kommunale Grünanlagen erster Klasse."
Durch den Selbstversorgungsgedanken und die Dezentralisation gilt das Hauptaugenmerk der Kleinstlandwirtschaft und dem Gartenbau.
In dem Konzept „Ville Contemporaire" zeichnet Le Corbusier (1929) ein nach dem Prinzip der Funktionstrennung aufgeteiltes Stadtbild mit Stadtkern und „Schonzone", außerhalb liegen Industrieviertel und die „Gartenstädte als Wohnorte der Industriearbeiter und Pendler". In letzteren stehen dreigeschossige Wohneinheiten (um Platz zu sparen) und daneben „Kulturfelder von 400 x 400 m", wobei je „ein Landmann für 100 Häuser und für eine intensive Gemüsekultur" verantwortlich ist, der die „groben Arbeiten" leistet. Die Ernte erfolgt dann von den „aus Fabrik oder Bureau heimgekehrten Hausbewohnern"[196].
Frank Lloyd Wrights „Broadacre City" sieht ebenfalls die Intensivierung der stadtnahen Landwirtschaft als Antwort auf Weltwirtschaftskrise, Massenarbeitslosigkeit und Armut.

> Die Bevölkerung besitzt Kleingärten bzw. wohnt selbst auf kleinen Farmen von „drei, fünf und zehn Morgen" Land (1929:117) und produziert Nahrungsmittel, die über die Eigenversorgung hinaus für den städtischen Markt aufgekauft werden. Der Erlös soll den Industrielohn ergänzen. (Lohrberg, Frank, 2001, 36)

---

194 Als gedankliche Vorläufer der Gartenstadt nennt Lohrberg Thomas Morus „Utopia" (1631), Owens „Villages of Harmony" (1817) oder James Silk Buckinghams Stadtmodell (1849). Während sich Theodor Fritsch (1895) im Vorwort seiner 1912 herausgegebenen Ausgabe seiner Schrift „Die Stadt der Zukunft" als Begründer der Gartenstadtidee sieht, folgt Lohrberg Bollerey (1990) der in Fritschs Ansatz eine Neugründung aber nicht eine „Neuordnung der Großstadt im regionalen Zusammenhang" sieht. (Näheres dazu: Schubert, Dirk (Hrsg.) *Die Gartenstadtidee zwischen reaktionärer Ideologie und pragmatischer Umsetzung – Theodor Fritschs völkische Version der Gartenstadt*, Dortmunder Beiträge zur Raumplanung, 2004).
195 Lohrberg, Frank, 2001, 26.
196 Ebenda, 36.

4.2.3 1933 – 1945

Die städtische Freiraumplanung wurde in der Zeit der Machtergreifung durch die Nationalsozialisten nicht weiterentwickelt, sondern auf wenige Aspekte hin reduziert und ideologisiert. Ziel war es, „überschaubare und damit kontrollierbare Siedlungseinheiten zu schaffen"[197]. Entsprechend dem „Volkskörper" sollte auch der „Siedlungskörper" einer hierarchischen Gliederung folgen und daher die einzelnen Siedlungszellen von „verschiedenen Schichten bzw. Ständen bewohnt werden"[198]. „Das Siedlungswesen soll der nationalsozialistischen Ordnung „dienen""[199]. Das Bild der „Ernährungslandschaft" wird benutzt, um die „totale Verfügbarkeit über den Raum" als „naturgesetzliche Raumentwicklung" darzustellen und gegen ein unkontrollierbares Großstadtleben und der in ihm verborgenen „Gefahr intellektueller Entartung" vorzugehen. Vielfältige Lebensmodelle sind ebenso wenig gewünscht wie vielfältige Raumstrukturen. „Was die Planer im „Altreich" noch tolerieren mussten, wie bspw. Schrebergärten, wurde nun radikal als „Entartungsergebnis des unbewältigten Städtebaus" (Reichow 1941:228) verstoßen".[200]

4.2.4 1945 – 1960

Vom Krieg zerstörte und zerbombte Städte bieten die Gelegenheit „dezentrale Siedlungskonzepte nun umzusetzen"[201]. Konzepte „produktiver Freiräume" richten sich in Folge der Auswirkungen des Zweiten Weltkrieges auf Produktionssteigerung und Intensivierung. Vorbilder werden (wie vor 1933) in der „„kleinbäuerlich-gärtnerischen Wirtschaftsweise" des chinesischen Landbaus bzw. der „ostasiatischen Humus- und Kompostwirtschaft" (Mattern 1964:161)"[202] gesehen. „Pniower (1948:60) stellt fest, dass der Gartenbau auf gleicher Fläche beinahe sieben mal soviel Kalorien erzeugen könne wie die Landwirtschaft, der Ertrag liege um das 17-25fache höher. Der Gartenbau müsse daher zum Vorbild der Landwirtschaft entwickelt werden."[203] Hier geht es nun auch nicht mehr ausschließlich um die Steigerung des Ertrages, sondern es kommt auch der „biologische Wert", d.h. die Qualität der Lebensmittel ins Blickfeld. Außerdem wird in den städtischen Gemüsegärten, welche Transportwege verkürzen und Vitaminverluste vermeiden, zusätzlich ein reizvoller Landschaftstyp gesehen.

---

197 Ebenda, 44.
198 Ebenda, 45.
199 Ebenda, 46.
200 Ebenda, 48.
201 Ebenda, 50.
202 Ebenda, 52.
203 Ebenda, 53.

Kühn (1953:1) spricht gerade der Fruchtlandschaft eine zeitgemäße Ästhetik zu: „Der moderne Mensch fühlt sich in reinen Parkanlagen leicht sonntäglich-fremd. ... In der genutzten Landschaft spürt auch der Städter etwas von den wahren Werten des Landlebens ohne die Verkrampfung einer pseudoromantischen Bauernschwärmerei. (Lohrberg, Frank, 2001, 54)

Erstmals wird der Rückgang der städtischen Landwirtschaftsflächen problematisiert und darüber nachgedacht, diese als „produktive Dauergrünflächen" zu schützen. Reinhold Lingner, welcher 1933 aufgrund seiner antifaschistischen Haltung aus dem amtlichen Dienst[204] entlassen wird, erarbeitet 1948 in einem „Groß-Grünplan" eine Grundlage für den Wiederaufbauplan Berlins, wo erstmals auch die Bodenbeschaffenheit als maßgebendes „Kriterium für eine Siedlungsentwicklung" herangezogen wird.[205] Die natürlich gegebenen Landschaftsausprägungen wie Hügel, Täler und Flussläufe sollen in die städtebaulichen Konzepte der „Stadtlandschaft" integriert werden. Wie Lingner hat auch Mattern mit seinem Konzept der „Fußgängerstadt" die Verbesserung der Lebensbedingungen der Bevölkerung im Auge. In seinem Konzept sollen „gesunde Wohnverhältnisse, geringe Emissionen, eigener Garten, Nähe zur freien Landschaft" mit den städtischen Vorteilen in Einklang gebracht werden.[206]

4.2.5 1960 – 1985
In dieser Periode kommt es zu einer „Verwissenschaftlichung der Planung", da der Städtebau verschiedenen Disziplinen zum Gegenstand wird. Sowohl standorttheoretische Fragen als auch der „zunehmende Konflikt zwischen Stadtwachstum und Existenzsicherung der Landwirtschaft" werden einer wissenschaftlichen Untersuchung unterzogen. 1978 beginnen sich OECD-Studien der stadtnahen Landwirtschaft „in internationaler Perspektive" zu widmen (64).
Mit Hillebrechts Modell der „Regionalstadt" (1962) endet nach Albers & Papageorgiou-Venetas (1984) die „Reihe der Idealstadt-Konzepte".[207] Hillebrecht betrachtet die Stadt nicht mehr als „Gefäß", sondern als „Kräftefeld". Mit diesem Modell beginnt sich die Stadtplanung an „Funktionen" zu orientieren und erlangt einen höheren Grad der Abstraktion.
Mit dem Ende der Nachkriegsjahre erfolgt eine Umgewichtung von einem Versorgungsprinzip zu ästhetischeren Gesichtspunkten und die städtische Landwirtschaft rückt wieder an den Stadtrand, während dem innerstädtischen Wohnen mehr Aufmerksamkeit geschenkt wird. Daher kommt es in diesem Bereich zu Flächenkonflikten (Siedlungsgebiete und Verkehrsflä-

---

204 Er war als gelernter Gärtner Leiter der Amtlichen Deutschen Kriegsgräberfüsorge.
205 Ebenda, 56.
206 Ebenda, 57.
207 Ebenda, 60.

chen beanspruchen die besten Böden und ihre Ausdehnung verringert die Größe produktiver Freiflächen), gleichzeitig werden die negativen Auswirkungen der Industrialisierung und Urbanisierung auf die städtische Landwirtschaft untersucht.
Verschiedene Autoren weisen auf die große Anpassungsfähigkeit der Landnutzungsbetriebe in der Stadt hin. Dabei kommt v.a. der intensive Gemüse- und Obstbau ins Blickfeld, der auch mit kleineren Flächen auskommt. Erwerbsalternativen, Bodenspekulationen und die Nähe zu Bildungseinrichtungen bewirken eine Reduktion von Einheiten und eine Spezialisierung, die mit einer Ausdehnung der Flächen einhergeht, d.h. es entstehen einerseits größere Vollerwerbsbetriebe („Gesundschrumpfung"), andererseits bleiben auch noch einige Nutzflächen im Nebenerwerb erhalten. Die Selbstversorgung weicht einem *ökonomisch-rationalen Profitstreben*.[208] Jedoch kommt es aufgrund des Strukturwandels in der städtischen Landwirtschaft zu einer *vorübergehenden und dauerhaften Verbrachung*[209], deren Anteil jedoch stabil bleibt.

> Die Versorgung der Bevölkerung mit gesunden, erschwinglichen Produkten, bis dato das wichtigste Ziel, erscheint gesichert. Statt dessen rückt die Steigerung der landwirtschaftlichen Einkommen in den Mittelpunkt. (Lohrberg, Frank, 2001, 76)

Mit dem Begriff der „Mehrfachnutzung" (Spitzer, 1971) rücken, abgesehen von den „Agrarfunktionen", „gesellschaftliche Funktionen" wie Stadtgliederung, Erholung, Grundwasserschutz, Kleinklima und Naturschutz in den Vordergrund.[210]
Mit dem Ende der 70er Jahre kommen ökologische Aspekte immer mehr zu tragen, die ganz wesentlich auch zum Imageverlust der Landwirtschaft im Allgemeinen beitragen.

> Hier gerät die Landwirtschaft als Hauptverursacher des Artensterbens und der Ausräumung der Landwirtschaft ins Kreuzfeuer gesellschaftlicher Kritik. Der Landwirt wird aus Sicht großer Teile der Bevölkerung zum „Umweltverschmutzer" und „Subventionsempfänger", sein Betrieb devastierte zur „Agrarfabrik". (Lohrberg, Frank, 2001, 93)

---

208 Ebenda, 73.
209 Unter Brache ist ein Grundstück zu verstehen, das keiner gegenwärtigen Nutzung unterliegt (entweder als landwirtschaftlich nicht bestellter Boden bzw. als „Sozialbrache", die hier gemeint ist). Dauerhafte Brachen entstehen meist in Ungunstlagen, welche sich nicht für Bodenspekulationen eignen.
210 Ebenda, 77.

Im Gegensatz dazu erlangen „Eigenheimgrundstücke" mit ihrer Bepflanzung nach Dick (1986) „wichtige Ausgleichsfunktionen für den Naturhaushalt"[211].

4.2.6 1985 – 2000

In den 80er und 90er Jahren kommt es zu einem Erstarken und einer Institutionalisierung des „Umweltschutzgedankens". Die Qualitäten einer „kompakten" Stadt werden einer „Zersiedelung" des Umfeldes entgegengestellt und „zum Ende der 90er Jahre und im Zuge der Agenda 21" tritt „das Konzept einer „urban agriculture", das aus globaler Perspektive um die Nachhaltigkeit von Städten bemüht ist", hervor.

Der „Flächenentzug durch Straßenbau ... und Baugebiete" ist einer der wesentlichen Gründe „für die Existenzgefährdung" der „Landwirte und Gärtner", gleichzeitig kommt es zu einem weiter zunehmenden „Imageverlust der Landwirtschaft".

> Eine Verbraucherbefragung in Kiel [1994 ...] ergab, dass 46 % der Befragten die Qualität der Nahrungsmittel „schlechter als früher" einstuften, nur 20 % kamen zu einem gegenteiligen, positiven Urteil. Auch in der EU-Agrarpolitik geht man heute davon aus, dass die Kosten einer Landwirtschaft, „... die die Umwelt belastet, die ungenügend zur räumlichen Entwicklung und zum Umweltschutz beiträgt ... nicht zu rechtfertigen (sind)". (Lohrberg, Frank, 2001, 99)

Vor allem auch als „Folge der Konferenz der Vereinten Nationen für Umwelt und Entwicklung im Juni 1992 in Rio de Janeiro" kommt es zu verstärkten Bemühungen, die stadtnahe Landwirtschaft zu ökologisieren, und es wird hier vermehrt auf „Kommunales Engagement" gesetzt. Mit der Kritik an einer „Agrarindustrie" wird eine Landwirtschaft gefordert, welche sich nach „bäuerlichen Prinzipien" („Bindung an Landschaft und Heimat, Denken in Kreisläufen und in Generationsverantwortung, Achtung vor der Natur und ihren Lebewesen, verantwortungsvoller und nachhaltiger Umgang mit den Lebensgrundlagen") richtet.[212] Gleichzeitig soll einer „Anonymisierung der Nahrungsmittel" (Leitner, 1994) entgegengewirkt werden.[213] Anders als diese wegorientierten Strategien fordern andere lediglich die Einhaltung von Grenzwerten und sehen die stadtnahe Produktion von Lebensmitteln als „nicht unproblematisch" an.[214]

Neben dem landschaftspflegerischen Aspekt tritt der Erlebnischarakter der Landwirtschaft in den Vordergrund, welcher die vormalige Erholungsfunktion, die auf die „Reproduktion der Arbeitskraft" ausgerichtet war, ver-

---

211 Ebenda, 93.
212 Ebenda, 105.
213 Ebenda, 107.
214 Ebenda, 112.

drängt. Es wird ein sozial-pädagogischer Weg von oben verfolgt, wobei die Landwirtschaft in der Stadt die Funktion hat, die Zusammenhänge zwischen Nahrungsmittel und ihrer Erzeugung für die Städter vor allem die städtische Jugend als Event „nachvollziehbar" zu machen.[215] Die Landwirtschaft bekommt Spielcharakter bzw. „gerät in die Nähe sozialer Zwangsbelehrung"[216].
Als ein Teil „städtischer Vielfalt" wird die „bäuerliche Landwirtschaft" aber auch als wichtiges Muster der Nachhaltigkeit gepriesen.

> Eine nachhaltige Wirtschafts- und Lebensweise kann demnach nur dann Praxis werden, wenn die „... in der bäuerlichen Kultur noch vorhandene Erfahrung ... eines ressourcenschonenderen, langsameren Umgangs mit Raum und Zeit" Praxis werden. Die bäuerliche Lebensweise wird hier zum Vorbild einer gesamtgesellschaftlichen Neuorientierung genommen, sie vermag zu zeigen, „ ... was ein rechtes Maß und ein gutes Leben sein könnte". (Lohrberg, Frank, 2001, 117, nach Preisler-Holl & Scholz-Berg 1998)

Mit einer Diskussion um eine „urban agriculture", welche von den Vereinten Nationen initiiert wurde, tritt der Nachhaltigkeitsgedanke in „globaler Perspektive" in den Vordergrund. „Agriculture has an important and beneficial place in the contemporary city." (UNDP,1996). „Moderne" Stadtplanung soll nicht einfach mit „Industrialisierung" gleichgesetzt werden.

> Urbane Landwirtschaft ist demnach hervorragend geeignet, die Nachhaltigkeit einer Stadtentwicklung zu fördern. Sie wird sozialen und ökonomischen Ansprüchen gerecht, da sie Arbeitsplätze auch für niedrige Einkommensschichten bietet und dadurch Armut bekämpfen kann. Auch die Sozialstruktur der Gemeinden wird verbessert, Nachbarschaften gestärkt und das Selbstwertgefühl einzelner durch sinnvolle Tätigkeit gestärkt. (Lohrberg, Frank, 2001,118)

Argumente, die bereits in den 1920er Jahren angeführt wurden, wie z.B. Müllverwertung und kurze Transportwege treten wieder in den Vordergrund.
In der Gegenüberstellung von „formal city" und „informal city" erkennt Hermann (1999) in ersterer eher die Ausnahme denn die Regel, da sie „auf anhaltendem Wirtschaftswachstum beruht habe, welches so nicht fortgeschrieben werden könne".

> Selbst in den prosperierenden Industriestädten des 20. Jahrhunderts hätten Gartenstadt- und Kleingartenbewegung die Grenzen einer Abkopplung individueller Lebens- und Wohnformen von der Nahrungsmittelerzeugung aufgezeigt. Hermann fordert daher, Subsistenzwirtschaft nicht länger als Mangel und Armutszei-

---

215 Ebenda, 116.
216 Ebenda, 117.

ger zu betrachten, sondern der breiten Masse ein Recht darauf einzuräumen. (Lohrberg, Frank, 2001, 119)

4.2.7 Facit

Anhand dieser geschichtlichen Entwicklung der Bedeutung von städtischen Gärten bzw. stadtnaher Landwirtschaft in der Stadtraumplanung für den Zeitraum 1870 – 2000 lässt sich aufzeigen, dass Gärten in dieser Periode nie wirklich verschwunden waren. In Zeiten wirtschaftlichen Niedergangs jedoch tritt ihre Dringlichkeit verstärkt ins städteplanerische bzw. politische Blickfeld. In Krisenzeiten treten Vorstellungen von Produktionssteigerung und städtischer Autarkie hervor, um die Abhängigkeiten von außen zu minimieren und die Versorgung der Bevölkerung zu gewährleisten. In Zeiten des wirtschaftlichen Aufschwunges verändern sich die Perspektiven, Versorgungsschwerpunkte werden von ästhetischen bzw. sozialen Gesichtspunkten abgelöst und produktive Freiflächen treten in stärkerem Maße mit Bau- und Verkehrsflächen in Konkurrenz und werden von diesen verdrängt, wenn sie keinem bestimmten Schutz unterliegen.

Städteplanerische und politische Konzepte reagieren jedoch häufig nur auf großen Druck einer breiteren sichtbaren Bevölkerungsmenge. „Kleingruppen" geraten aus dem Blickfeld und scheinen politisch nicht bedeutsam zu sein. So wurden z. B. aus den Arbeitersiedlungen der Gründerzeit Ende des 20. Jahrhunderts Gastarbeitersiedlungen, ohne dass sich die Lebensbedingungen für diese Bevölkerungsgruppe verbessert hätten.[217]

In den städteplanerischen Konzepten treten v.a. die Flächen und ihre Funktionen in den Vordergrund, weniger jedoch die Personen, welche zu diesen Zugang haben, obwohl die Existenz von freien Flächen und ihre Verfügbarkeit eine wesentliche Voraussetzung für ihre Nutzung ist.

4.3 Eigensinn, Eigenmacht, Eigenzeit

Was ist uns *eigen*, wenn wir tätig sind? Was können wir uns *an-eignen*? Marianne Gronemeyer verweist auf den Wandel von einer Reflexivität, die in dem Reflexivpronomen „sich" ausgedrückt wird (mit Rückbezug auf das den Menschen *Eigene*), hin zum Sprachgebrauch der Vorsilbe „selbst", welche eine Unselbständigkeit in sich birgt und sich laut Gronemeyer nur an der Leistungskompetenz der Wohlfahrt orientiert, nicht am „Wohlergehen oder Missbefinden" der Menschen. Begriffe wie „Selbsterfahrung, Selbstversorgung, Selbstverwirklichung" usw. gipfeln in der „Selbsthilfe":

---

[217] siehe Initiative Minderheiten, *Gastarbajteri*, http://www.gastarbajteri.at, 05.03.06. am Beispiel Österreich.

> Selbsthilfe ist nicht die Wiederbelebung subsistenter Tätigkeiten, sondern sie ist im selben Sinne ein Subsistenzdouble, wie ‚Biosphäre II' [gemeint ist damit ein in Arizona/USA errichtetes Riesen-Terrarium, in welchem 1991 versucht wurde Natur naturgetreu nachzubilden; Anmerkung UT] ein Naturdouble ist. Alle Eigenheiten, die die reflexiven Tätigkeiten kennzeichnen, fehlen der Selbsthilfe. Sie ist weder eigenmächtig, noch eigensinnig, noch eigennützig [...], noch schließlich eigenartig. (Gronemeyer, Marianne, 1996, 63)

Damit folgt Marianne Gronemeyer der Kritik, die bereits Ivan Illich v.a. im Gesundheitsbereich geübt hatte. Unter dem *Eigenen*, das das Überleben *sichern* soll, versteht Gronemeyer wohl „die Sicherheit, die man am eigenen Leibe" trägt, „die in den eigenen Kräften und Fähigkeiten, in der Geschicklichkeit und Tüchtigkeit" liegt (Gronemeyer, Marianne, 1996, 72). Diese Kräfte, Fähigkeiten, Geschicklichkeiten und Tüchtigkeiten bleiben in uns verborgen, wenn wir zu keinem Ort Zugang haben, der ihre Ausübung erlaubt und zulässt, dass wir mit Eigensinn, Eigenmacht und in der dafür benötigten eigenen Zeit tätig sind. Ein Garten kann dieser Ort sein.

4.3.1 Eigensinn

Sich nach dem eigenen Sinn richten bedeutet, nach der eigenen Kreativität zu fragen, danach, wie ich das Gegebene mir an-eigne, wie ich es um- und verwandle, zusammenstelle, -stecke, -richte, -lege etc. Alles steht in einem Zusammenhang. Wenn ich mir etwas aneigne, so muss ich es aus einem gegebenen Zusammenhang lösen und es in einen neuen Zusammenhang stellen. Dieser Vorgang erfolgt in einer mir eigenen Art und Weise und trägt damit meinen „Abdruck".

Je mehr Menschen nach ihrem eigenen Sinn Lebensmittel produzieren, desto größer ist die *Vielfalt*, sind die vielfältigen Abdrücke, welche dabei entstehen, und desto sicherer steht das Gerüst, auf welchem das Versorgungs*system* aufgebaut ist. Durch die vielfältigen Anbau-, Pflege- und Nutzungsformen entsteht ein komplexes Netz, das mehrfach abgesichert ist. Ein grobes *Versorgungsnetz*, das nicht durch kleiner strukturierte Systeme ergänzt wird, birgt in sich ein größeres Gefahrenpotential: ist das Netz zu weitmaschig, so gibt es zu viele, welche durch die Versorgungslücken fallen, ist das Netz zu einheitlich, kann es nicht vielen Ansprüchen genügen und wirkt wie ein Raster, ist vielleicht gut zu kontrollieren, aber auch leicht angreifbar. Eigensinn erzeugt Vielfalt, kleine Strukturen können auch schneller auf Änderungen reagieren.

Geschmack ist uns eigen. Folgen wir in der Produktion unserer Lebensmittel unserem Geschmack und unseren Vorlieben, so werden wir wahrscheinlich eine andere Selektion durchführen als unsere Nachbarn, welche nach ihrem Sinn vorgehen. Tauschen wir etwas von dem *Eigenen* dann mit dem *Fremden* des Nachbarn und lernen dieses schätzen, so nehmen wir es vielleicht in unser Repertoire auf und eignen es uns an, woraus wieder etwas Neues entstehen kann. Annemarie Schimmel schreibt im Zusammenhang mit der Möglichkeit des Übersetzens fremdsprachiger Texte: „Wenn man die andere Seite kennt und in ihr Dinge findet, die man liebt, ist man auch im Stande, sie in das eigene Weltbild hinein zu übersetzen."[218] Dieses Phänomen findet auch hier statt. Wir lernen etwas kennen und lieben und geben ihm Platz in unserer Welt. Die Interkulturellen Gärten schaffen Orte, wo die GärtnerInnen das noch Fremde kennen und lieben lernen können, um ihm einen Platz in ihrer Welt zu geben. Der Austausch und die An-eignung schafft Vielfalt und Anknüpfungspunkte, Beziehungen und Verbindungen. Jeder und jede beginnt mit dem eigenen Sinn und indem er bzw. sie sich mit der Erde auseinandersetzt. Die Berührungspunkte im Garten erweitern den Horizont des Eigenen und verweben ihn mit den Horizonten der Anderen. Das Eigene erlebt sich nicht als isoliertes Selbst, sondern als sich Verwebendes, das aktiv an dem Gewebe teilnimmt.

Kein Garten gleicht einem anderen, jeder ist Ausdruck der persönlichen Auseinandersetzung mit Natur, steht in einem Austauschverhältnis zwischen Innen und Außen der GärtnerInnen, welche einen Abdruck ihres Eigenen im Garten hinterlassen und den Abdruck des Gartens in sich aufnehmen. Sie sind selbst Teil des Systems Garten.

Jedes Tun, jeder Handgriff und jede Fußbewegung hinterlässt unsere Spuren im Garten, ob wir den Boden mit Händen und Geräten bearbeiten oder bloßfüßig darüber gehen, ob wir Pflanzensamen säen, in der Erwartung ihres Wachstums und ihrer Früchte oder ob wir uns an bereits vorhandenen Pflanzen erfreuen, daran riechen, sie berühren oder einfach nur betrachten, ob wir die Pflanzen gießen, um sie beim Wachstum zu unterstützen oder den Regen beobachten, wie er von der Erde aufgenommen wird, ob wir uns an der Ernte laben oder sie anderen Lebewesen im Garten überlassen oder verschenken.

Was wir ernten und zu unserer Nahrung machen, ist in ein sehr breites natürliches, persönliches, gesellschaftliches und symbolisches Umgebungsfeld eingebettet und bedingt unser In-der-Welt-Sein.

> Essen ist für alle Menschen – ob sie die Mittel dafür besitzen oder nur davon träumen können – eine Tätigkeit die zum Alltag gehört, ein beinahe schon intimer Akt, der nicht nur dem Überleben dient, sondern ein ganzes Weltverhältnis in sich schließt. In allen Kulturen, Glaubensvorstellungen, Religionen und Philosophien ist Essen in ein Ritual eingebunden und Teil der Beziehung zum sozialen Umfeld.[219]

---

218 Schimmel, Annemarie, *Auf den Spuren der Muslime. Mein Leben zwischen den Kulturen*, Herder, Freiburg im Breisgau, 2002.
219 Gilles Luneau, Vorwort in: Bové, José, Dufour, Francois, *Die Welt ist keine Ware*, Rotpunkt, Zürich, 2001, 13.

Gärten können Identitäten schaffen bzw. aufrecht erhalten. Der Zwang zur Migration reißt Menschen aus ihren Lebenszusammenhängen und entfremdet sie von gewohnten Zugängen. Diese *verlorenen Zugänge* beziehen sich auch auf Landwirtschaften und Gärten, welche durch die Flucht verlassen werden mussten. Aber selbst jene, welche in der (neuen) Stadt als *zweite oder dritte Generation* geboren und aufgewachsen sind, können eine Sehnsucht nach Naturzugang entwickeln, auch wenn dieser nicht zu ihrem gewohnten Lebensrepertoire gehört, aber z. B. eine *kulturelle Identität schafft*:

> Die New Yorker African Americans sind vielfach erst in der zweiten oder dritten Generation Städter, waren die Großeltern noch Landarbeiter, oft Baumwollpflücker, oder Bauern in den Südstaaten oder auf den Karibischen Inseln. Heute dient der Gemüsebau der kulturellen Inszenierung der African Americans, sind sie doch – im Gegensatz zu den Weißen – historisch „näher dran". Die Tropenvölker waren die großen Gärtnervölker und bis heute können sich Menschen in den Tropen ohne weiteres aus ihren – im wesentlich von den Frauen betriebenen – Gärten ernähren. Das Anknüpfen an die matriarchal dominierte Landwirtschaft der Tropen stellt die städtische Landwirtschaft in beste Tradition und macht sie zu etwas Besonderem. (Meyer-Renschhausen, Elisabeth, 2004, 44)

Die meisten Nutzgärten sind auch wohl gestaltete Gärten. Wir haben in der Gartengestaltung unterschiedliche Vorstellungen, verschiedene Bilder, die uns vorschweben, wenn wir an Garten denken. Ob es Bäuerinnengärten, die Hängenden Gärten der Semiramis oder Klostergärten sind, ob der Paradiesgarten, ein englischer Park oder eine Blumenwiese, ob wir Blumen oder Skulpturen als gestaltende Elemente betrachten, ob unser Garten wohl geordnet oder frei assoziiert ist, jedes Gedankenbild kann uns zum Vorbild in der kreativen Beeinflussung des äußeren Erscheinungsbildes des Gartens werden. Der Eigensinn unserer gestaltenden Fähigkeiten fördert vielfältige Gartenformen. Die Parzellen der Gemeinschaftsgärten[220] zeigen diese Vielfalt in eindrücklicher Weise. Jede Parzelle hat ihren eigenen Charakter, ihren eigenen Charme und sagt etwas über die gestaltenden Personen aus, das sich verbal nur schwer vermitteln ließe, sie ist Ausdruck ihres jeweiligen Naturzugangs.

Während auf einer vietnamesischen Parzelle an aufgestellten Ästen, die eine Laube bilden, Kürbisse hinaufranken, wachsen Gemüse und bunte Blumen – zwischen Kunstblumen und Steinen – in einer Wegspirale auf einer ukrainischen Parzelle. Eine bosnische Parzelle ist mit Mais und Kür-

---

[220] Die Größe der Gärten ist sehr unterschiedlich und erstreckt sich von ein paar 100 qm bis zu mehreren ha, die sich in persönliche Flächen und Gemeinschaftsflächen unterteilen. Die eigenen Parzellen sind meist zwischen 40 und 100 qm groß. Hier bestimmt jedes Gartenmitglied selbst über die Gestaltung und darüber, welche Pflanzen angebaut werden.

bissen bepflanzt, ein afghanische mit vielen verschiedenen Kräutern. Da steht Kresse neben Petersilie, Koriander neben unzähligen Minzen usw. Eine türkische Familie baut zwischen verschiedenen anderen Gemüsen viel Spinat als Zwischenfrucht an. Neben Parzellen, in welchen Pflanzen wohl geordnet aneinander gereiht sind, herrscht in anderen ein buntes Miteinander.

4.3.2 Eigenmacht

Die eigene Macht, über unser Leben zu bestimmen wie z. B. zu wählen, woraus unser Leib aufgebaut werden soll, indem wir wählen, was wir ihm zuführen, wird v.a. auch dadurch begrenzt, inwieweit wir Eigenmacht über unser Leben besitzen, inwieweit wir Zugang zu dafür benötigten Ressourcen haben. Diese Eigenmacht ist eng verbunden mit einer gewissen Verfügungsmacht. Kann ich nicht über ein Stück Land verfügen, das den Anbau von mir angemessen erscheinenden Lebensmitteln erlaubt und verfüge ich auch über keine finanziellen oder andere Mittel, um diese gegen die benötigten Lebensmittel einzutauschen, so besitze ich auch nicht die Eigenmacht über die Existenzweise meines Lebens zu entscheiden.

> Die Vielfalt an Böden, Klimaten und Pflanzen trug weltweit zur Entstehung einer Vielfalt von Nahrungskulturen bei. Die Maiskulturen in Mittelamerika, die Reiskulturen in Asien, die Liebesgraskulturen in Äthiopien und die Hirsekulturen in Afrika prägen nicht nur die dortige Landwirtschaft, sie bilden auch den Dreh- und Angelpunkt kultureller Vielfalt. Ernährungssicherheit bezieht sich nicht allein auf quantitativ hinreichende Nahrungsversorgung, sondern erfordert den Zugang zu kulturell angemessenen Lebensmitteln. Vegetarier leiden unter Umständen Hunger, wenn sie nur noch Fleisch essen sollen. Ich habe Asiaten erlebt, denen es angesichts der Brot-, Kartoffel- und Fleischdiät in Europa am Nötigsten fehlte.
> (Shiva, Vandana, 2004, 35)

Die lokale Förderung vielfältiger Nutzpflanzen aus verschiedenen Regionen der Welt leistet daher auch einen wichtigen Beitrag zur Sicherung ihrer Erhaltung und Verbreitung und damit bleiben sie auch an vielen Orten bestehen, stehen *zur Verfügung*. Die Sehnsucht nach verschiedenen Nutzungsformen durch die interkulturellen GärtnerInnen unterstützt die Motivation, die Pflanzen anzubauen und damit ihrem Verschwinden entgegenzuwirken. Sie erweitert nicht nur ihre Eigenmacht, sondern schafft auch Zugänge für andere.

Aber ein Garten ist nicht nur Ort der Nahrungsmittelproduktion, sondern auch ein Ort der *Kulturausübung*. Traditionelle Riten sind oft mit Naturmaterialien verbunden, die an das Vorhandensein verschiedener Pflanzen bzw. ihrer Teile gebunden sind. Sind sie nicht vorhanden, so wird die Chance genommen, Religion oder Kultur in gewohnter Weise auszuüben. Auch das Beispiel der Würzbüschel, das hier bereits angesprochen wurde,

zählt dazu. Die einzelnen Pflanzen, die Bestandteile des Würzbüschels sind, dienen ja nicht nur dazu, Teil eines geweihten Straußes zu sein, sondern werden zu verschiedenen Zwecken im Laufe des Jahres verwendet.
In Kulturen, welche vom Islam geprägt sind, wird vielfach der Garten zum exoterischen Bild einer Vorstellung des Paradiesgartens. Dževad Karahasan fragt demnach in seinem Buch der Gärten: „Sind die Gärten Schatten, die der Paradiesgarten auf die Erde wirft?" und setzt als Antwort hinzu:

> Wir wissen es nicht, die Existenzweise des Paradieses und all dessen, was in ihm ist, entzieht sich unserer Kenntnis, wir wissen nur, denn das ist offensichtlich, daß der Garten in enger Korrespondenz mit der „Paradiesseite" des menschlichen Wesens steht, mit unserer Fähigkeit, uns das Paradies vorzustellen und von ihm zu träumen.[221]

Titus Burckhardt verweist darauf, dass zu einer Moschee in der Regel ein Hof oder Garten mit einem von vier Wasserrinnen gespeisten Brunnen in der Mitte gehört, der das paradiesische Vorbild spiegelt. "Der Koran spricht von den Gärten der Glückseligkeit, in deren Mitten lebendige Quellen entspringen"[222]. Diese Gärten werden in vielen Suren des Korans als Belohnung für diejenigen in Aussicht gestellt, welche ein gottesfürchtiges Leben führen.

> 3,195 (193) Und es antwortet ihnen ihr Herr: „Siehe, Ich lasse nicht verloren gehen das Werk des Wirkenden unter euch, sei es Mann oder Weib; die einen von euch sind von den anderen.
> (194) Und diejenigen, die da auswanderten und aus ihren Häusern vertrieben wurden und in Meinem Wege litten und kämpften und fielen – wahrlich, bedecken will Ich ihre Missetaten, und wahrlich, führen will Ich sie in Gärten, durcheilt von Bächen (Koran)

Der Garten bedeutet hier Manifestation des Paradiesgartens, er gilt aber gleichzeitig als Symbol für das Gute und reales Betätigungsfeld auf dem Weg zu Gott.
Im Hinweis auf die Bedeutung des Gartens in den Erzählungen von *Tausendundeiner Nacht* ermöglicht der Garten nach Dževad Karahasan eine "Begegnung zweier Welten – einer sichtbaren und einer unsichtbaren, einer realen und einer imaginären" (29).[223]

---

221 Karahasan, Dževad, Das Buch der Gärten. Grenzgänge zwischen Islam und Christentum, Insel, Frankfurt am Main, 2002, 183.
222 Burckhardt, Titus, *Vom Wesen Heiliger Kunst in den Weltreligionen*, Aurum, Freiburg im Breisgau (1955), 1990, 161.
223 Für die Literaturhinweise zu Gärten im Islam danke ich Almir Ibrić.

Die Eigenmacht manifestiert sich erst mit dem Tätigsein. Martina Kaller-Dietrich zitiert eine Frau aus San Pablo Etla, einem Dorf in der Nähe der mexikanischen Hauptstadt, in Bezug auf die Bedeutung des *Selbermachens* und den somit in Zusammenhang stehenden Beziehungen, welche damit erhalten bleiben. Das Mit-einander-Sprechen beim Tätigsein ist eine wichtige Ergänzung zum gemeinsamen Tun.

> Weißt du, sehr wichtig sind die Gespräche, die eine junge Frau mit ihrer Mutter, mit der Großmutter oder der Schwiegermutter führt, während sie zusammen den *nixtamal* und die *tortillas* machen. Wenn sie in einem Haus keine *tortillas* machen, sondern sich immer fertige *tortillas* kaufen, weil das Geld dafür da ist, dann gibt es auch keine Gespräche und dann hört sich vieles auf, was für uns selbstverständlich war.[224]

Auch die Eigenmacht von MigrantInnen darüber, wie sie wieder Wurzeln schlagen in einem neuen Land, hat Einfluss darauf, ob es gelingt oder nicht. Die Interkulturellen Gärten sind Orte, wo Neues als Angebot *zur Verfügung* steht, das mit Bekanntem in Verbindung gebracht werden kann, aber sie enthalten keine Verpflichtung dazu. Sie stellen Räume dar, die den MigrantInnen größere Verwirklichungschancen und mehr Möglichkeiten anbieten bzw. aufzeigen, eigenmächtig mit ihrer Lebenssituation umzugehen.

Eigenmacht ist verantwortungsvolles Frei-sein. Worüber wir Macht haben, dafür müssen wir auch Sorge tragen. Werden wir gezwungen, etwas zu tun, haben wir wenige Wahlmöglichkeiten, außer die Konsequenzen der Weigerung zu tragen. Haben wir aber Wahlmöglichkeiten, können wir *frei* entscheiden, haben wir Macht, sind wir für unsere Entscheidungen aber auch, so weit wir darauf Einfluss haben, verantwortlich. Eigenmacht ist also nicht nur *Frei-sein*, um Beliebiges zu tun, sondern beinhaltet auch die Konsequenzen des eigenen machtvollen Handelns berücksichtigen zu müssen. Aber erst diese Entscheidungsmacht und die Macht, für sein eigenes Handeln verantwortlich zu sein, macht das Spannungsfeld des *ernst genommenen* Lebens aus. Eine Person respektieren bedeutet auch, ihr nicht die Eigenmacht abzusprechen, darauf zu vertrauen, dass sie sich dieser verantwortlichen Macht bewusst ist. In den Gemeinschaftsgärten ist Eigenmacht ein wichtiges Thema, nicht immer ist ihre Bedeutung für alle gleich. Wie weit darf die Eigenmacht gehen? Die Aushandlung von Regeln und ihre Akzeptanz bedeutet eine Selbstbeschränkung, aber auch ein Anerkennen von anderen und deren Freiheiten. Eigenmacht trägt Verantwortung.

---

224 Kaller-Dietrich, Martina, 2002, 178. *Nixtamal*: Maisteig.

4.3.3 Eigenzeit

Mit der Erfindung der Räderuhr um 1300 beginnen die Menschen in Europa die Zeit in exakt gleich lange 24 Stunden pro Tag zu vermessen. Während sich die Zeiteinteilung noch im frühen Mittelalter in Europa nach dem Lauf der Gestirne (Tag und Nacht, Jahreszeiten usw.), heiligen Tagen und dem Ablauf von Tätigkeiten richtete, müssen sich nun die Tätigkeiten an den ihnen zugeordneten Zeitmustern orientieren (vgl. Gronemeyer, Marianne, 1996, 79).

> Die Zeit fügt sich menschlichen Absichten, sie wird zum Ökonomiefaktor. Sie kann gespart, gewonnen und kontrolliert werden; man hat keine Zeit zu verlieren, und doch scheint es zuweilen angezeigt, sie zu vertreiben, ja sogar totzuschlagen. Sie ist nicht nur meßbar, sondern auch kalkulierbar und planbar, teilbar und einteilbar, kann optimal genutzt und zu Geld gemacht werden, sie erscheint dehnbar, vermehrbar und verlängerbar, aber sie lässt sich auch verkürzen und raffen. Keine Rede mehr davon, daß alles seine Zeit hat. Nicht alles, aber schon das meiste, hat die Zeit, die ihm vorgeschrieben wird; die zugebilligte Dauer sowohl wie auch den vorherbestimmten Zeitpunkt seines Eintreffens und Wiederverschwindens. (Gronemeyer, Marianne, 1996, 76)

Die Zeit wird organisiert und eingeteilt, verplant und diktiert. Wir haben die Zeit im Griff. Selten geben wir den Dingen die Zeit, die sie *brauchen*.
Die *eigene Zeit* ist jener Rhythmus, der für jeden einzelnen Menschen notwendig ist, um bestimmte Tätigkeiten zu verrichten: sich Zeit zu lassen, sich Zeit zu geben, *untätige* Zeit nicht als verschwendete Zeit zu betrachten, sein eigenes Zeitmaß anzulegen, inklusive der Ruhezeiten, nach denen der Körper verlangt.

Mit der Industrialisierung wird den Menschen ein neuer Takt auferlegt. Annemarie Hafner beschreibt dies für indische Dorfbewohner, welche sich plötzlich dem Takt der Fabriken anpassen sollen, wie folgt:

> Als die ehemaligen Dorfbewohner in die Städte kamen, waren sie gezwungen, ihren gewohnten Zyklus von Arbeit und Ruhepause, der den bäuerlichen Bedürfnissen entsprochen hatte rasch und radikal zu ändern. Nachdem sie Tätigkeiten in industriellen Unternehmen aufgenommen hatten, beherrschen die Fabriksirene und der Rhythmus der Maschinen ihr Leben. (Hafner, Annemarie, in: Bockhorn, u.a., 1998, 79)

Viele von uns haben sich an den Maschinenrhythmus gewöhnt, sind damit aufgewachsen, andere aber können und wollen sich nicht daran gewöhnen, sind es nicht gewohnt, mit dem Wecker geweckt zu werden, egal, ob die Sonne schon aufgegangen ist oder nicht. Wir merken es vielleicht, wenn uns auffällt, dass wir im Winter schwerer aus dem Bett kommen als im Sommer, dann spüren wir, dass unser Körper sich nicht nur auf ein

Uhrzeitmaß konzentriert, sondern eine *innere Uhr* auch Zeitrhythmen wahrnimmt, welche moderne Uhren nicht registrieren, auch wenn sie noch so fein eingestellt sind. Wir sagen zwar oft: Diese Stunde ist verflogen oder eine andere hat ewig gedauert, aber letztendlich gilt für uns der Takt der 24 Stunden, den uns eine Uhr angibt, deren Stunden eine wie die andere ist.

Wenn wir im Garten tätig sind, orientieren wir uns noch an einer anderen Zeitrechnung, nach günstigen oder ungünstigen Aussaat- und Erntezeiten, nach dem Sonnenstand, nach Mondphasen und Wurzel-, Blatt- oder Fruchttagen usw. Was günstige Zeiten sind, richtet sich danach, was wir von anderen gelernt oder gelesen haben, was wir aus unserer Beobachtung selbst als günstig erfahren haben. Wir entwickeln *mit der Zeit* ein Gefühl für günstige und ungünstige Phasen für bestimmte Verrichtungen, und wir geben diesen die Zeit, die sie brauchen.

Der Garten gibt auch die Möglichkeit, Zeitausgleich zwischen *Tun und Ruhen* zu schaffen, natürliche Rhythmen von Tag und Nacht und der Jahreszeiten zu beobachten und die Eigenzeit im Garten mit diesen Rhythmen zu verbinden, seinen eigenen Rhythmus darin zu finden. Das Wachstum, obwohl es meist langsam vor sich geht, sodass wir erst nach längerer Zeitdauer sein Wirken erkennen, ist uns ein vertrautes Zeitmaß, weil es auch uns persönlich betrifft. Wir selbst wachsen wie die Pflanzen im Garten, nur ist unsere Lebensdauer eine andere. Wir erkennen aber Gemeinsamkeiten mit ihnen, es ist etwas uns Vertrautes in ihnen.

Nicht alle Kulturen lassen sich so stark von Uhrzeitstunden leiten wie die westlichen Kulturen. Das Beharren auf Minuten, das Festlegen auf Termine, welche in größerer Ferne liegen, die zeitliche Einschränkung, wie lange etwas dauern muss oder darf, ist nicht überall gleich. Das Frei-sein, die eigene Zeit zu leben, ist machtvoll und eigensinnig. Einer anderen Person ihre eigenen Zeiten zu lassen, auch Zeit, um eigene Erfahrungen machen zu können, heißt, ihr mit Achtung zu begegnen.

4.4 Gartenpolylog

4.4.1 Bedürfnis nach dem anderen seiner selbst

Mit der Bemächtigung großer Teile der Erde durch die Menschen entsteht in ihnen vermehrt das Gefühl, dass sie nur mehr sich selbst begegnen. Überall treffen sie auf ihresgleichen oder auf eine Welt, derer sie sich bemächtigt haben. Sie treffen auf Dinge, welche sich bewegen, weil sie selbst es veranlasst haben. In der außermenschlichen Natur empfinden sie sich jemandem *Anderen* gegenüber, *dem Anderen ihrer selbst*. Sie suchen diese Begegnung und empfinden sie als Erholung und Befreiung.

Daran zu erinnern liegt nach Gernot Böhme auch in der Aufgabe einer ökologischen Naturästhetik.

> Es wäre Aufgabe einer ökologischen Naturästhetik, [...] einzuklagen, daß zu einem gesunden, um nicht zu sagen: einem guten Leben die Erfahrung einer Umwelt mit bestimmten ästhetischen Qualitäten notwendig ist. Sie hätte darzulegen, wie das Lebensgefühl eines Menschen durch die sinnlich-emotionalen Qualitäten seiner Umgebung mitbestimmt wird. Und sie hätte schließlich die Aufgabe, immer wieder daran zu erinnern, daß zu den fundamentalen Lebensbedürfnissen des Menschen nicht nur das Bedürfnis nach einer schönen Umgebung überhaupt gehört, sondern das Bedürfnis nach Natur: nämlich daß etwas ist, was von selbst da ist und ihn durch sein selbsttätiges Dasein berührt. Der Mensch hat ein tiefes Bedürfnis nach dem anderen seiner selbst. Er will nicht in einer Welt leben, in der er nur sich selbst begegnet. [...] Es geht ihr nämlich gar nicht nur um ein Wahrnehmen, Gewahren oder eine sonstige Rezeption von Natur – wie jeder anderen Naturästhetik bisher - , sondern um das Leben in und mit der Natur. (Böhme, Gernot, 1989, 92)

Im Garten wird die Begegnung zu einem aktiven Gespräch. Die Menschen kommunizieren mit außermenschlicher Natur, setzen sich mit ihr zusammen und auseinander. Das Wissen, dass außer mir selbst noch etwas Anderes da ist, für das ich nicht verantwortlich bin, dem ich jedoch Rücksichtnahme schulde, wird als erleichternde Abwechslung zu einer technischen Welt betrachtet, die uns rundherum begegnet. Die ökologische Krise war auch deshalb so bedeutend, weil vielen Menschen erstmals klar geworden ist, dass sie plötzlich auch für die Auswirkungen in der außermenschlichen Natur Verantwortung tragen, dass ihr Handeln mehr Einfluss zeigt, als sie geplant und gewollt haben. Elfriede Jelinek lässt *den alten Mann* in ihrem Theaterstück Totenauberg dazu folgendes sagen:

> Ist diese Not an der Natur die Not der Notlosigkeit? Reißt uns diese Trauer fort ins Verlorene, das wir uns aber auch schon angeeignet haben, diese längst verurteilte Landschaft? Sie gehört uns mehr als die unversehrte. Wir verlieren uns in ihr und sind uns doch besser geglückt als früher, da wir in unseren Badeanzügen ausgespart waren, uns ohne Angst unter die Sonne werfen konnten. Wir haben uns im Verlust schon gut eingerichtet, denn unsere Not verbindet uns. Das Zugehörige wächst in unsren Klagen, und für fremde Not ist kein Platz. Diese Bäume, das vertrocknete Gestrüpp, die toten Kröten, die wir brauchen: wären sie ungefährdet, wären sie nur ungefähr, wir beachteten sie nicht! Wir sind nicht mehr allein, wir ahnen uns im Größeren: das gefällt uns. Wir können retten und dem Zerstörten eine neue Gestalt geben: unsre![225]

Jelineks pointierte Darstellung des Naherückens und Gewahrwerdens der außermenschlichen Natur im Zeichen einer machtgebenden Katastro-

---

225 Jelinek, Elfriede, *Totenauberg*, Rowohlt, Reinbek bei Hamburg, 1991, 20-21.

phenstimmung erinnert an die „reflexive Modernisierung der Naturbeherrschung" Adornos (siehe Kapitel *Natur als das Andere*). In Bezug auf die Verbindung von Nahrungserwerb und Naturzugang treffen dabei zwei Vorstellungen aufeinander. Während das Leben nur durch den Tod im Sinne eines Kreislaufdenkens ermöglicht wird und immer mit dem Tod endet, wird der Tod im Primat des Lebens ausgeblendet, welches sich aber gleichzeitig nur im Abschlachten von Leichen aufrechterhalten kann. Die bereits als tot betrachtete beherrschte Natur wird in ein anderes Stadium übergeführt: Tierleichen, Pflanzenleichen, Bodenleichen,etc. ... welche nur noch einer optischen Beurteilung standhalten müssen.

Dem gegenüber steht das Tätigsein einer Frau in San Pablo Etla, Oaxaca, Mexiko, welche sich durch die Essensgaben an die Erde und Wassergaben an den Bach einer Zugehörigkeit versichert, wie Martina Kaller-Dietrich beschreibt:

> Für Doña Elvira gehören Erde und Wasser zur Versorgungsgemeinschaft. Damit steht außer Zweifel, dass auch die Erde und das Wasser aus den Töpfen der Menschen das Essen erhalten. Eine plausible Definition der bäuerlichen Versorgungsgemeinschaft geht davon aus, dass diejenigen, die aus derselben Schüssel essen, zu den Mitgliedern der bäuerlichen Familie zählen. [...] Die Erde und das Wasser gehören für Doña Elvira in ihrem praktischen Tätigsein und in ihrer Vorstellungswelt zur Familie, die wir uns als Versorgungsgemeinschaft denken können. Essen ist für Doña Elvira keine symbolische Haltung gegenüber einem anonymen Leben, sondern die praktische Gestaltung ihrer Beziehungen zu den Menschen, den Tieren, der Erde, den Steinen, den Vorfahren, dem Wasser, dem Berg und den Wäldern – eben allen, die sie umgeben.[226]

Das Begreifen, dass *das selbständige Andere* im Garten mit mir verbunden ist, dass ich von ihm abhängig bin, es sich mir aber schenkt, ohne von mir mehr zu fordern als Achtung und Rücksichtnahme, erstaunt und vermittelt uns Gefühle wie einem guten verlässlichen Freund gegenüber. Das Nicht-Fordern, Nichts-Wollen und Sein-Lassen ist etwas, das auch in der Gartentherapie[227] eine starke Wirkung hat. Nur ich bin die, die fordert, wenn ich z. B. besonders schönes Gemüse haben möchte. Der Garten selbst fordert nicht, er gibt Antworten auf die Fragen, die ich ihm stelle und reagiert auf unsere Forderungen. Er selbst aber fordert nicht. Er gibt uns

---

226 Kaller-Dietrich, Martina, Macht über Mägen. Essen machen statt Knappheit verwalten. Haushalten in einem südmexikanischen Dorf, Promedia, Wien, 2002, 24-25.
227 Der Bereich der Gartentherapie im Bezug auf die Heilung von Krankheiten wird hier bewusst ausgeklammert, weil er selbst ein großes eigenes Thema darstellt, trotzdem aber auch von den Aspekten des Guten Lebens her gesehen, welche in der Gartentherapie wieder hergestellt werden sollen, große Ähnlichkeiten zu den hier angesprochenen Themenbereichen aufweist.

Möglichkeiten, mit ihm in Kontakt zu treten, uns von ihm zu nähren, ihn zu genießen und zu gestalten. Wir selbst grenzen ihn ab, indem wir einen Zaun um ihn herum legen.
Wer aber ist der Garten, der uns das alles ermöglicht? Er erscheint uns wie eine uns vertraute Insel. Der japanische buddhistische Mönch Myoe (1173-1232) schreibt einen Brief an seine Heimatinsel, in welchem er diese beschreibt:

> I think about your physical form as something tied to the world of desire, a kind of concrete manifestation, an object visible to the eye, a condition perceivable by the faculty of sight, and a substance composed of earth, air, fire, and water that can be experienced as color, smell, taste, and touch. Since the nature of physical form is identical to wisdom, there is nothing that is not enlightened. Since the nature of wisdom is identical to the underlying principle of the universe is identical to the absolute truth, and the absolute truth is identical to the ultimate body of the Buddha. According to the rule by which no distinctions can be made between things, the underlying principle of the universe is identical to the world of ordinary beings and thus cannot be distinguished from it. Therefore, even though we speak of inanimate objects, we must not think of them as being separated from living beings.[228]

Die Insel ist ein Teil der physikalischen Welt, die für Myoe aber auch Anteil an der *Weisheit* der Welt hat. Es gibt nach ihm nichts, was nicht auch weise ist. Nach dieser buddhistischen Sicht gibt es keine Trennung zwischen Materie und Geist, weil der Geist überall auch ist, wo Materie ist. Die Insel ist für ihn nicht nur Erde, Luft, Feuer und Wasser, sondern auch ein kommunikationsfähiges Wesen.
Wenn wir im Garten ein Anderes entdecken, so begegnet uns nicht nur tote Materie, sondern eine Ansammlung von Lebewesen, die uns den gesamten Garten als lebendig erscheinen lassen, auch wenn wir nicht an einen Geist der Materie glauben. Der Garten wird uns zu einer scheinbaren Einheit, der wir eine Hülle (Abgrenzung) verleihen. Die Lebewesen im Garten begegnen uns als vielfältige Einzelne und in ihrer Gesamtheit, mit welchen wir gemeinsam im Garten sind und welche mit uns das System Garten ausmachen. Das Lebendige im Garten hat die Kraft, uns bei Krankheit und Müdigkeit wieder *lebendig* zu machen, uns aufzumuntern[229]. Er wirkt auf uns anregend und belebend, beruhigend und kraftvoll

---

228 Myoe, „Letter to the Island", in: Kaza, Stepanie, Kraft, Kenneth, *Dharma Rain. Sources of Buddhist Environmentalism*, Shambhala, Boston & London, 2000, 63.
229 Studien von Roger S. Ulrich haben gezeigt, dass der Blick aus dem Krankenhausfenster auf grüne Landschaft den Heilungsverlauf fördert und beschleunigt und den Verbrauch von Schmerzmitteln reduziert. (vgl. Ulrich, Roger S., View through a window may influence recovery from surgery., *Science*, 224, 1984, 420-421).

zugleich, nicht nur durch seine Farben, Formen und Gerüche, sondern vor allem durch die Lebewesen, welchen wir darin begegnen.

4.4.2 Gartengemeinschaft oder Garten als Allmende

Die Gemeinschaft im Garten wird zu einer bekannten. Sie besteht aus Gesichtern, Geschichten und Beziehungen. Das in Gemeinschaft Genutzte ist überschaubar, wird geteilt, nicht nur auf-geteilt und neben der Eigenmacht steht die Selbstbeschränkung in der Gemeinschaft, welche auf basisdemokratischen Beinen steht. Der Garten als Allmende ist ein Nutzungsort, aber v.a. ein Lebensort, ohne ihn gäbe es diese Gemeinschaft nicht. Die Gartengemeinschaft wird zu einem funktionierenden Dorf, in dem das Tätigsein Beziehungen schafft und Versorgungsgemeinschaften aufbaut und erhält. Martina Kaller-Dietrich beschreibt am Beispiel eines Dorfes in Mexiko, wie das Essen-machen[230] der Frauen „das Herstellen, Aufrechterhalten, Erneuern und Beleben von Beziehungen und damit die ständige Versicherung von Zugehörigkeit"[231] bedeutet. Der Garten kann so eine Versorgungsgemeinschaft ermöglichen, kann Ort des Essenmachens und (interkultureller) Dorfplatz sein.

> Das in Gemeinschaft Aufeinander-angewiesen-Sein prägt aber auch das vernakuläre Mit-Gefühl mit dem Erdentsprossenen, den Pflanzen und Tieren sowie der Erde selbst, die mit dem Essen in Verbindung gehalten werden. (Kaller-Dietrich, Martina, 2002, 176)

Die Allmendgemeinschaft des Gartens ist eine Gruppe gleichberechtigter Stimmen und erfüllt damit schon eine jener Bauprinzipien langlebiger Allmenden, wie sie Elinor Ostrom anführt (vgl. Arrangements für kollektive Entscheidungen (Pkt. 3), siehe Kapitel *Allmendeproblematik, Kooperation und kollektives Handeln*). Auch der Punkt 1 – Klar definierte Grenzen sowohl der Allmenderessource als auch der Personen, welche zu ihrer Aneignung berechtigt sind – ist in den Interkulturellen Gärten erfüllt: Der Garten stellt das gemeinsame Nutzungsfeld dar, in welchem jedes berechtigte Mitglied eine in etwa gleich große Parzelle erhält, die es *eigenmächtig* bewirtschaften kann, die restliche Gartenfläche wird gemeinsam genutzt und bewirtschaftet. Wer berechtigtes Mitglied ist, wird ebenfalls festgelegt. Anders als bei traditionellen Allmenden, wo es sich meist ausschließlich um eingesessene Dorfbewohner handelt, kann grundsätzlich jede Person

---

230 Unter Essen-machen ist hier der große Bogen aller Tätigkeiten gemeint, welcher von vom Ernten der Samen über die Betreuung der Pflanzen bis zum Ernten der „Früchte", vom Besorgen von Zutaten bis zum Verarbeiten, von der Gestaltung der Örtlichkeiten bis zur Aufnahme der Nahrung, mit all den persönlichen Beziehungen, welche mit den einzelnen Abschnitten verbunden sind, reicht.
231 Kaller-Dietrich, Martina, 2002, 39.

Mitglied werden, wobei die Aufnahme in die Gartengemeinschaft häufig nach einem Kulturenschlüssel erfolgt, d.h. es soll kein Übergewicht von Mitgliedern einer kulturellen Herkunft entstehen. Aber auch hier gibt es Ausnahmen, wie der vietnamesische Garten in Aurich zeigt.[232] Obwohl die Anzahl der Frauen in den interkulturellen Gärten gegenüber der der Männer überwiegt, sind die Gärten für alle Geschlechter offen.[233] In allen Gärten gibt es Kinder, welche großteils mit ihren Eltern in die Gartengemeinschaft kommen. In einigen Gärten haben sich die Kinder auch eigene Beete erkämpft, welche sie in Eigenregie oder unterstützt durch andere Mitglieder bewirtschaften. Die vielfältigen Schwerpunkte, welche sich die verschiedenen interkulturellen Gartengemeinschaften setzen, stehen im Zusammenhang ihrer eigenmächtigen Form, ihr Leben – und damit ihre Integration in die Gastgesellschaft – selbst aktiv in die Hand zu nehmen.

Die Gärten sind für ihre Mitglieder jederzeit zugänglich und die Früchte ihrer Parzellen stehen zu ihrer eigenmächtigen Verwendung frei. Sie haben jedoch gemeinsame Verpflichtungen gegenüber den Gemeinschaftsflächen, welche aber nicht immer gleich wahrgenommen werden (vgl. Pkt. 2: Kongruenz zwischen Aneignungs- und Bereitstellungsregeln und lokalen Bedingungen). Entsteht ein zu großes Ungleichgewicht zwischen der Wahrnehmung der Aneignungs- und Bereitstellungsregeln, werden verschiedene Aushandlungsstrategien – in interkulturellem Polylog – erarbeitet. Das gleiche gilt auch für andere Konflikte, welche in der Gartengemeinschaft auftreten. Das Bewusstsein „dass es in den unterschiedlichen Herkunftsländern jeweils sehr unterschiedliche Diskussionskulturen und Aushandlungstechniken gibt, die nicht in allen Konfliktfällen miteinander kompatibel sind"[234], macht sensibel für neue Konfliktlösungsstrategien (vgl. Pkt.6). Genau hier liegt auch eine wesentliche Herausforderung der interkulturellen Gärten: *Konflikte gemeinsam zu lösen*, indem sich die Gartenmitglieder mit ihren Erfahrungen und kulturellen Strategien einbringen.

---

232 „Nachdem die ersten Parzellen an zehn Familien aus vier Nationen vergeben worden waren, hatte sich nach einem Jahr ein rein vietnamesischer Garten herausgebildet. Da der weitere Ausbau des Gartens und die Trockenlegung der Sumpfflächen durch Anlegen von Gräben und schmalen Stegen geschah, wurde der Garten von der einheimischen Bevölkerung schnell „Little Saigon" genannt. Im dritten Jahr begannen die vietnamesischen GärtnerInnen ihre erwirtschafteten Überschüsse in Eigenregie auf dem Wochenmarkt und an mobilen Straßenständen zu verkaufen. Heute haben sie sich eine Stammkundschaft erarbeitet, und die Auricher Bevölkerung genießt das Privileg der Versorgung mit asiatischen Gemüsen aus biologischem Anbau. Gerhard Stauch zieht nach fünf Jahren Praxis Bilanz: Eine Reglementierung von außen ist nicht nötig gewesen; die Gärten haben sich organisch entwickelt und ihre eigene Dynamik entfaltet." (www.stiftung-interkultur.de, 14.07.2005)
233 In Kassel jedoch hat sich z. B. ein Internationaler Frauengarten entwickelt, wo nur allein stehende oder verwitwete Frauen mit ihren Kindern den Garten bewirtschaften.
234 Müller, Christa, 2002, 158.

Überwachung (Pkt. 4) und Sanktionen (Pkt. 5) kommen aufgrund der Überschaubarkeit der Gartengemeinschaft nicht in der Schärfe zu tragen, wie das bei großen traditionellen Allmenden der Fall ist. Die minimale Anerkennung des Organisationsrechtes von externen staatlichen Behörden (Pkt. 7) ist jedoch von entscheidender Bedeutung für die Interkulturellen Gärten. Hier ist nicht nur ein Ausschluss von staatlicher Einflussnahme auf die demokratischen Regeln innerhalb der Gärten – solange sie sich im Rahmen der Landesgesetze bewegen – notwendig, sondern es ist auch jegliche Instrumentalisierung und Vereinnahmung durch Eigentümer, Geldgeber oder verschiedene andere von außen kommende Parteien auszuschließen. Kernpunkt der *Gartenpolitik* ist die eigensinnige, eigenmächtige und eigenzeitliche Integration der GärtnerInnen, in dem diese durch die Gartengemeinschaft und den Naturzugang für sich wieder Anschluss an ein selbstbestimmt *Gutes Leben* finden.

Mit der Einrichtung der Stiftung Interkultur in München findet die Institution der Interkulturellen Gärten in Deutschland einen Dachverband, welcher die einzelnen Projekte in vielfältiger Form unterstützt und vernetzt (vgl. Pkt.8).

Im Sinne der von Elinor Ostrom aufgestellten Bausteine von langlebigen Allmenden haben die Interkulturellen Gärten gute Voraussetzungen, als Bewältigungsgärten Erfolg zu haben und zu einer gelungenen Integration von MigrantInnen in ihren neuen Heimatländern beizutragen.

Die erste Dekade ihres Bestehens haben sie in Deutschland hinter sich gebracht und gezeigt, dass sie in dieser Zeit auch mit Problemen, welche auftraten, auf allen Ebenen demokratisch umgehen konnten. Der iterative Charakter und die Fähigkeit, sich weiterzuentwickeln, bieten eine gute Basis, sich auch den zukünftigen Problemen zu stellen. Dabei haben die eigenen Erfahrungen der einzelnen Gartengemeinschaften, welche über das Netzwerk ausgetauscht werden, große Bedeutung, aber auch Erfahrungen aus den bereits seit über dreißig Jahren bestehenden Community Gardens in den USA und Kanada sind hilfreich. Auch die hier vorgestellten Forschungen wie die von Elinor Ostrom stellen einen Erfahrungsrahmen dar, welcher für eine zukünftige Entwicklung der Interkulturellen Gärten von Bedeutung sein kann. Durch eine internationale Vernetzung stehen weltweit verschiedene Gartenprojekte in ständigem Erfahrungsaustausch, was einerseits ihre weltweite Bedeutung darstellt, andererseits zu einer gegenseitigen Unterstützung und Verstärkung beiträgt.

4.4.3 Naturzugang als Basis interkulturellen Austausches

Dževad Karahasan spricht von der „stummen Rede"[235], die durch die Gestaltung des Gartens von jeder Kultur ausgeht. Der Garten ist *Rede*, Ausdrucksform und „seine Existenz verweist [...] auf etwas außerhalb Liegendes" und „überschreitet [...] die Grenzen der reinen Materialität"[236]. In dieser *Rede* liegt etwas Vor-sprachliches. Der Garten ist Ausdrucksform als Darstellung esoterischer Vorstellungen, Werte und Bedeutungen, welche nicht sprachlich ausgedrückt werden können, die GärtnerInnen sind in ihrer Aktivität des Gärtnerns aber jene Handelnden, welche im Raum des Gartens ein Ausdrucksmittel finden.

Die verbindende Tätigkeit des Gärtnerns, welche eine Sicherheit des Bekannten gibt, bildet in den Interkulturellen Gärten die Basis auch *über den Parzellenrand* zu schauen, was denn die Nachbarin oder der Nachbar tut. Wenn die GärtnerInnen beginnen, ihre Eigenmacht (wieder) herzustellen, so kann auch Kontakt mit der Nachbarschaft geschlossen werden. Ein gewünschter Kontakt ist der mit der Erde und den Pflanzen, welcher intensiver wird, je mehr sich die eigene Sicherheit erweitert. Dann kommt die menschliche Nachbarschaft ins Blickfeld – ich sehe bzw. betrachte, was die anderen tun. Ein weiterer Schritt ist das Wahrnehmen von Parallelen aus dem eigenen Tun und dem Tun der Nachbarschaft. Das Erkennen dieser Parallelen bzw. auch Differenzen kann Beziehung und Fragen eröffnen. Das Tätigsein des bzw. der Anderen zu erkennen, stellt ihn oder sie in Beziehung zu mir. Diese Beziehung als etwas Positives zu betrachten und den Wunsch zu entwickeln, diese zu intensivieren, kann spontan entstehen, kann aber auch erst gruppendynamisch wirken und erst dann wird die gesprochene Sprache benutzt. Wenn die Sprache nicht vorhanden ist, kann der Wunsch danach, sich sprechend mit einander auszutauschen, entstehen. Die erste Kommunikationsform ist aber das gemeinsame Tätigsein. Im Tun selbst wird sehr viel kommuniziert, das, auch wenn Sprache vorhanden ist, nicht vollständig ausgedrückt werden kann (siehe Kapitel *Tätiges Wissen*).

Andererseits bildet die vorerst noch gem-*einsame* Tätigkeit – die Tätigkeit *in* der Gruppe - vorsichtige Annäherungspunkte, welche dann erst zu einer *gemeinsamen Tätigkeit* werden können. Die Beziehung zur Erde und zu den Pflanzen stellt die Grundlage eines Gemeinsamen dar, das aber erst erkannt und wahrgenommen werden muss. Die Vielfalt der Charaktere der GärtnerInnen fördert den aktiven Austausch. Das Geben können vom Eigenen, das Schenken von Teilen der Ernte, welche gerade zahlreich vorhanden ist, stellt Anknüpfungspunkte zur Nachbarschaft dar und erweitert

---

235 Karahasan, Dževad, 2002, 36.
236 Ebenda, 35.

die Vorbeziehung, die bereits gemacht wurde, aus einer eigenmächtigen Position von Gebenden heraus, welche ihr Selbstbewusstsein stärkt.

Jene GärtnerInnen, welche vor allem wegen der Gemeinschaft in die Gärten gekommen sind, suchen schneller persönliche Kontakte. Das Handeln in einer Gruppe wächst langsam zu einem gemeinsamen Tun und schafft neue gemeinschaftliche Systeme. So werden z. B. manche GärtnerInnen zu *angenähten* Tanten und Onkeln für *Gartenkinder*; familienähnliche Strukturen können entstehen.

Die meist sehr unterschiedliche Herkunft der GärtnerInnen bedingt, dass sehr viele Sprachen gesprochen werden, aber eine gemeinsame Sprache oft anfangs fehlt. Wenn das Tätigsein als Kommunikationsmittel nicht ausreicht, *wird* die Sprache des Gastlandes zu einer gemeinsamen Sprache der GärtnerInnen, welche eine verbale Auseinandersetzung über das Tätigsein ermöglicht. Dies bildet die Motivation, diese *gemeinsame* Sprache zu erlernen und häufig bilden Sprachkurse eine Ergänzung (manchmal intensiviert auch eine Winterbeschäftigung) zur Gartentätigkeit. Auch sind die Sprachkenntnisse der GärtnerInnen sehr unterschiedlich, und so stellt sich ein Lernen voneinander ein, welches durch die Auseinandersetzung des gemeinsamen Tuns gefördert wird.

Im Garten wird das meiste gemeinsam genutzt, und so sind oft Aushandlungspraktiken notwendig, die eine verbale Kommunikation fördern: eine gemeinsame Wasserstelle, gemeinsame Gartengeräte, die Planung von gemeinsamen Festen, die Errichtung einer Gartenhütte auf den Gemeinschaftsflächen usw. Mit dem Erwerb der Sprache des Gastlandes eröffnen sich weitere Möglichkeiten auch außerhalb der Gartengemeinschaft. Die Sicherheit der bekannten Tätigkeit, die erlebte Wertschätzung der eigenen Kenntnisse, das Erlernen der Sprache, die erworbenen informellen Strukturen etc. bilden Fähigkeiten, die Selbstbewusstsein und Mut machen, auch die Herausforderungen der Gesellschaft des Gastlandes zu meistern.

Mit dem vorliegenden Text habe ich versucht zu zeigen, inwieweit ein aktiver Naturzugang - speziell im Fall der Interkulturellen Gärten - einen wesentlichen Beitrag zum *Guten Leben* leisten kann. Ihre Bedeutung tritt v.a. dann hervor, wenn die sozialen Bedingungen, unter welchen Menschen leben, verschiedene Mängel aufweisen. Die Interkulturellen Gärten unterstützen gerade hier die Bewältigungsarbeit und geben Raum zu Erdung und Verwurzelung.

Was in den Gärten durch den interkulturellen Austausch von *Alltagskultur* passiert, kann als Basis für einen weiter reichenden interkulturellen Polylog auf verschiedenen Ebenen dienen und soll die Schaffung „neuer", nachhaltiger Orte der Begegnung fördern.

5 Literatur

Altvater, Elmar, Mahnkopf, Birgit, *Grenzen der Globalisierung. Ökonomie, Ökologie und Politik in der Weltgesellschaft*, Westfälisches Dampfboot, Münster, 1997.
Amin, Samir, „Die neue Agrarfrage. Drei Milliarden Bauern und Bäuerinnen sind bedroht", in: *Agrobusiness – Hunger und Recht auf Nahrung*, Widerspruch 47, Zürich, 2004.
Arendt, Hannah, *Vita activa oder Vom tätigen Leben*, Piper, München 2001.
Aristoteles, *Nikomachische Ethik*, Reclam, Stuttgart, 1969.
Baumgartner, Gerhard, Perchinig, Bernhard, *Minderheitenpolitik in Österreich – die Politik der österreichischen Minderheiten*, http://www.initiative.minderheiten.at, 05.03.2006.
Bennholdt-Thomsen,Veronika, Mies,Maria, von Werlhof,Claudia, *Frauen, die letzte Kolonie – Zur Hausfrauisierung der Arbeit*, Rotpunkt, Zürich, 1992.
Biegert, C., *Die schreckliche Ästhetik der Atombombe*, in: Natur & Kosmos, März 2004.
Bockhorn, Olaf, Grau, Ingeborg und Schicho, Walter (Hrsg.), *Wie aus Bauern Arbeiter wurden. Wiederkkehrende Prozesse des gesellschaftlichen Wandels im Norden und im Süden einer Welt*, Brandes & Apsel, Frankfurt a. M., 1998.
Böhme, Gernot, Böhme, Hartmut, *Das Andere der Vernunft,* Suhrkamp, Frankfurt am Main, 1985.
Böhme, Gernot, *Für eine ökologische Naturästhetik.*, edition suhrkamp, Frankfurt/M. 1989.
Böhme, Gernot, „Natur – ein Thema für die Psychologie?", in: Seel, Hans-Jürgen (Hrsg.), *Mensch-Natur. Zur Psychologie einer problematischen Beziehung*, Westdeutscher Verlag, Opladen, 1993.
Bové, José, Dofour, Francois, *Die Welt ist keine Ware. Bauern gegen Agromultis*, Rotpunktverlag, Zürich, 2001.
Brot für die Welt (Hrsg.), *Landwirtschaft in der globalen Ökonomie. HungerReport 2003/2004,* Brandes & Apsel, Frankfurt am Main, 2003.
Bulitta, Erich und Hildegard, *Wörterbuch der Synonyme und Antonyme*, Fischer, Frankfurt a. Main, 2003.
Burckhardt, Titus, *Vom Wesen Heiliger Kunst in den Weltreligionen*, Aurum, Freiburg im Breisgau, 1990.
Callo, C., Hein, A., Plahl, C. (Hrsg.), *Mensch und Garten. Ein Dialog zwischen Sozialer Arbeit und Gartenbau*, Tagungsdokumentation, München, 2004.
Coquery-Vidrovitch,Catherine, „Vom Bauern zum Arbeiter im Afrika südlich der Sahara", in: Bockhorn, Olaf, Grau, Ingeborg und Schicho, Walter

(Hrsg.), *Wie aus Bauern Arbeiter wurden. Wiederkkehrende Prozesse des gesellschaftlichen Wandels im Norden und im Süden einer Welt.*, Brandes & Apsel, Frankfurt am Main, 1998.
Der Koran, Recalm, Stuttgart, 1960.
Die Glücklichen Arbeitslosen, „...und was machen Sie so im Leben?", in: Beck, Ulrich (Hrsg.), *Die Zukunft von Arbeit und Demokratie*, suhrkamp, Frankfurt am Main, 2000.
Dieterici, Friedrich, *Die Naturanschauung und Naturphilosophie der Araber im zehnten Jahrhundert,* Institute for the History of Arabic-Islamic Science at the Johann Wolfgang Goethe University, Frankfurt am Main, 1999.
Dölle-Oelmüller, Ruth, Oelmüller Willi, *Grundkurs philosophischer Anthropologie,* Fink, München, 1996.
Eliasberg, Ahron, *Die Bedeutung des Allmendbesitzes in der Gegenwart,* Volkswirtschaftliche Abhandlungen der Badischen Hochschulen, Karlsruhe i. B., 1907.
Feyerabend, Paul, *Erkenntnis für freie Menschen,* Suhrkamp, Frankfurt am Main, 1980.
Fornet-Betancourt, Raúl, „Philosophische Voraussetzungen des interkulturellen Dialogs", *polylog,* 1.
Füllsack, Manfred, *Leben ohne zu arbeiten? Zur Sozialtheorie des Grundeinkommens,* Avinus, Berlin, 2002.
Galter, Hannes D., „Enkis Haus und Sanheribs Garten. Mesopotamische Natursicht im Wandel", in: Sieferle, Rolf Peter, u.a. (Hrsg.), *Natur-Bilder,* Campus, Frankfurt am Main, 1999.
Görg, Christoph, *Regulation der Naturverhältnisse. Zu einer kritischen Theorie der ökologischen Krise,* Westfälisches Dampfboot, Münster, 2003.
Grau, Ingeborg, „Arbeit und Gender in Südnigeria",in: Bockhorn, Olaf, Grau, Ingeborg und Schicho, Walter (Hrsg.), *Wie aus Bauern Arbeiter wurden. Wiederkehrende Prozesse des gesellschaftlichen Wandels im Norden und im Süden einer Welt.*, Brandes & Apsel, Frankfurt am Main, 1998.
Gronemeyer, Marianne, *Das Leben als letzte Gelegenheit. Sicherheitsbedürfnisse und Zeitknappheit,* Primus, Darmstadt, 1993.
Habermas, Jürgen, *Die Zukunft der menschlichen Natur. Auf dem Weg einer liberalen Eugenik?,* Suhrkamp, Frankfurt am Main, 2002.
Harford, Doug, „Mazon, Illinois: Flächen-sharing für die Hungernden", in: Brot für die Welt (Hrsg.), *Landwirtschaft in der globalen Ökonomie. HungerReport 2003/2004,* Brandes&Apsel, Frankfurt am Main, 2003.
Häuptli, Rudolf, „Ländliche Gesellschaften in Nordostbrasilien: Entwurzelung und Proletarisierung", in: Bockhorn, Olaf, Grau, Ingeborg und Schicho, Walter (Hrsg.), *Wie aus Bauern Arbeiter wurden. Wiederkehrende*

Prozesse des gesellschaftlichen Wandels im Norden und im Süden einer Welt., Brandes & Apsel, Frankfurt am Main, 1998.

Helbling, Jürg, „Einfluss religiöser Vorstellungen, Normen und Rituale auf die Ressourcennutzung in einfachen Gesellschaften am Beispiel der Cree und der Maring", in: Sieferle, Rolf Peter, Breuninger,Helga, (Hrsg.), *Natur-Bilder. Wahrnehmungen von Natur und Umwelt in der Geschichte*, Campus, Frankfurt/Main, 1999.

Heidegger, Martin, *Über den Humanismus,* Klostermann, Frankfurt am Main, 2000 (1949).

Hutter, Claus-Peter, „Warum Kühe lila sind. Essay über die Wissenserosion in Sachen Natur", *Natur + Kosmos*, Februar 2005, 50-51.

Hüttermann, Aloys P. und Aloys H., *Am Anfang war die Ökologie. Naturverständnis im Alten Testament.*, Herder spektrum, Freiburg im Breisgau, 2004.

Huxley, Aldous, *Schöne neue Welt*, Fischer, Frankfurt am Main, 1989.

Illich, I., *Recht auf Gemeinheit*, Reinbek bei Hamburg, 1982.

Inhetveen, Heide, „Wurzbüschel – ein Dokument traditionellen Kräuterwissens von Landfrauen", in: Meyer-Renschhausen, E. und Holl, A. (Hrsg.), *Die Wiederkehr der Gärten – Kleinlandwirtschaft im Zeitalter der Globalisierung*, Studienverlag, Innsbruck, 2000.

Jelinek, Elfriede, *Totenauberg*, Rowohlt, Reinbek bei Hamburg, 1991.

Jonas, Hans, *Das Prinzip Verantwortung,* Insel, Frankfurt am Main, 1979.

Kaller-Dietrich, Martina, *Macht über Mägen. Essen machen statt Knappheit verwalten*, promedia, Wien. 2002.

Kant, Immanuel, *Kritik der reinen Vernunft,* Suhrkamp, Frankfurt am Main, 1974.

Karahasan, Dževad, *Das Buch der Gärten. Grenzgänge zwischen Islam und Christentum*, Insel, Frankfurt am Main, 2002.

Kasper, Michael, *Agrarreform. Das Beispiel Mexiko,* www.8ung.at/monti/pdf/mexiko.pdf, 05.01.06.

Koslowski, Peter (Hrsg.), *Natur und Technik in den Weltreligionen,* Wilhelm Fink Verlag, 2001.

Krebs, Angelika (Hrsg.), Naturethik. Grundtexte der gegenwärtigen tier- und ökoethikschen Diskussion, Suhrkamp, Frankfurt/M., 1997.

Kuckhermann, Ralf „Die Konstituierung von Natur und Kultur in der Tätigkeit", in: Seel, Hans-Jürgen, u.a. (Hrsg.), *Mensch-Natur. Zur Psychologie einer problematischen Beziehung*, Westdeutscher Verlag, Opladen, 1993.

Linck, Gudula, „Naturverständnis im vormodernen China", in: Sieferle, u.a. (Hrsg.) *Natur-Bilder. Wahrnehmungen von Natur und Umwelt in der Geschichte*, Campus, 1999.

Lohrberg, Frank, *Stadtnahe Landwirtschaft in der Stadt- und Freiraumplanung*, Dissertation an der Universität Stuttgart, 2001.

Manning, Stephan, Mayer, Margit, „Praktiken informeller Ökonomie: Eine Einführung", in: Manning, Stephan, Mayer, Margit (Hrsg.), *Praktiken informeller Ökonomie. Explorative Studien aus Berlin und nordamerikanischen Städten*, J.F.-Kennedy-Institut, Freie Universität Berlin, 2004 (http://userpage.fu-berlin.de/~jfkpolhk/).
Margalit, Avishai, *Politik der Würde*, Fischer, Frankfurt am Main, 1999.
Marx, Karl, „Ökonomisch-philosophische Manuskripte", Heft I, 1. Abteilung, Bd. 2, 239-242, zitiert nach Schiemann, Gregor, *Was ist Natur?*, dtv, München, 1996, 181-182.
Mauss, Marcel, *Die Gabe. Form und Funktion des Austauschs in archaischen Gesellschaften*, Suhrkamp, Frankfurt am Main, 1990.
Mayer-Tasch, Peter Cornelius (Hrsg.), *Die Zeichen der Natur – Sieben Ursymbole der Menschheit*. Insel, Frankfurt/M. und Leipzig, 2001.
Meyer-Abich, Klaus Michael, *Praktische Naturphilosophie*, Beck, München, 1997.
Meyer-Renschhausen, Elisabeth, „Die Gärten der Frauen. Gärten als Anfang und Ende der Landwirtschaft", in: Bennholdt-Thomsen,Veronika, Holzer, Brigitte, Müller, Christa (Hrsg.), *Das Subsistenzhandbuch. Widerstandskulturen in Europa, Asien und Lateinamerika.*, Promedia, Wien, 1999.
Meyer-Renschhausen, Elisabeth, Holl, Anne (Hrsg.), *Die Wiederkehr der Gärten. Kleinlandwirtschaft im Zeitalter der Globalisierung*, Studien, Innsbruck, 2000.
Meyer-Renschhausen, Elisabeth, Müller, Renate, Becker, Petra (Hrsg.), *Die Gärten der Frauen. Zur sozialen Bedeutung von Kleinstlandwirtschaft in Stadt und Land weltweit.*, Centaurus, Herbolzheim, 2002.
Meyer-Renschhausen, Elisabeth, „Von der Kleinbäuerin zur Kleingärtnerin – Der Nutzgarten in der hauswirtschaft in Mitteleuropa im 19. und 20. Jahrhundert.", in: Hubenthal, Heidrun, Spitthöver, Maria (Hrsg.), *Frauen in der Geschichte der Gartenkultur*, Universität Kassel, 2002.
Meyer-Renschhausen, Elisabeth, *Unter dem Müll der Acker*, Ulrike Helmer, Königstein/Taunus, 2004.
Mies, Maria, Konturen einer öko-feministischen Gesellschaft, in: Die GRÜNEN im Bundestag (Hrsg.), *Frauen und Ökologie. Gegen den Machbarkeitswahn*. Kölner Volksblatt, Köln, 1987.
Mill, John Stuart, *Drei Essays über die Religion. Natur – Nützlichkeit der Religion – Theismus*, Reclam, Stuttgart, 1984.
Müller, Christa, „Interkulturelle Grenzöffnungen, Geschlechterverhältnisse und Eigenversorgungsstrategien: Zur Entfaltung zukunftsfähiger Lebensstile in den Internationalen Gärten Göttingen", in: Nebelung, Andreas, Poferl, Angelika, Schultz, Irmgard (Hrsg.), *Geschlechterverhältnisse – Naturverhältnisse. Feministische Auseinandersetzungen und Perspektiven der Umweltsoziologie,* Leske und Budrich, Opladen, 2001.

Müller, Christa, *Wurzeln schlagen in der Fremde – Die Internationalen Gärten und ihre Bedeutung für Integrationsprozesse*, ökom, München, 2002.
Myoe, „Letter to the Island", in: Kaza, Stepanie, Kraft, Kenneth, *Dharma Rain. Sources of Buddhist Environmentalism*, Shambhala, Boston & London, 2000.
Nishida, Kitaro, *Über das Gute*, Frankfurt, 1989.
Nishitani, Keiji, „Über das Gewahren", in: Stenger, Georg, Röhrig, Margarete, *Philosophie der Struktur – „Fahrzeug" der Zukunft?*, Alber, Freiburg/München, 1995, 88.
Nussbaum, Martha C., *Gerechtigkeit oder Das gute Leben.*, edition suhrkamp, Frankfurt/M., 1999.
Nussbaum, Martha C., *Women and Human Development. The Capabilities Approach.*, Cambridge University Press, (2000) 2001.
Ostrom, Elinor, *Die Verfassung der Allmende. Jenseits von Staat und Markt*, Mohr Siebeck, 1999.
Panikkar,R., *Religion, Philosophie und Kultur* in: Polylog (1998) 1
Pauer-Studer, Herlinde, *Autonom leben. Reflexionen über Freiheit und Gleichheit*, Suhrkamp, Frankfurt/M., 2000.
Perchinig, Bernhard, „Systeme der Zugehörigkeit" in: Forum Politische Bildung (Hrsg.), *Dazugehören?: Fremdenfeindlichkeit, Migration, Integration*, Studienverlag, Innsbruck, Wien, 2001.
Plahl, Christine, „Psychologie des Gartens. Anmerkungen zu einer natürlichen Beziehung.", in: Callo, u.a. (Hrsg.), *Mensch und Garten. Ein Dialog zwischen Sozialer Arbeit und Gartenbau*, Tagungsdokumentation, München, 2004, 65 – 66.
Platon, *Phaidros*, Reclam, Stuttgart, 1979.
Platon, *Sämtliche Werke*, rororo, Reinbek,1994.
Plumwood, *Feminism and the Matery of Nature*, Routledge, London, 1993.
Polanyi,M., *Implizites Wissen*, Suhrkamp, Frankfurt am Main, 1985.
Popper, Karl R., *Alles Leben ist Problemlösen. Über Erkenntnis, Geschichte und Politik*, Piper, München, 1997.
Reining, Ludger, „Standortgerechte Landnutzung", in: Bischöfliches Hilfswerk Misereor (Hrsg.), *Ernährung – ein Recht für alle*, Horlemann, Unkel/Rhein, 1997.
Ritter, Joachim, Gruender, Karlfried, u.a., *Historisches Wörterbuch der Philosophie*, Schwabe, 1984.
Rullmann, M., Schlegel W., *Frauen denken anders*, Suhrkamp, Frankfurt am Main, 2000.
Schicho, Walter, „Die Bergbaugebiete Katangas 1900-1980. Koloniale Verwaltung, koloniale Wirtschaft und Mission machen aus Bauern Arbei-

ter", in: Bockhorn, Olaf, u.a. (Hrsg.), *Wie aus Bauern Arbeiter wurden*, Brandes & Apsel, Frankfurt am Main, 1998.
Schimmel, Annemarie, *Auf den Spuren der Muslime. Mein Leben zwischen den Kulturen*, Herder, Freiburg im Breisgau, 2002.
Schleichert, H., *Klassische Chinesische Philosophie. Eine Einführung*, Vittorio Klostermann, Frankfurt am Main, 1990.
Schubert, Dirk (Hrsg.) Die Gartenstadtidee zwischen reaktionärer Ideologie und pragmatischer Umsetzung – Theodor Fritschs völkische Version der Gartenstadt, Dortmunder Beiträge zur Raumplanung, 2004.
Seel, Hans-Jürgen (Hrsg.), *Mensch-Natur- Zur Psychologie einer problematischen Beziehung*, Westdeutscher Verlag, Opladen, 1993.
Sen, Amartya, *Der Lebensstandard,* Rotbuch, Hamburg, 2000.
Sen, Amartya, *Ökonomie für den Menschen. Wege zur Gerechtigkeit und Solidarität in der Marktwirtschaft*, Carl Hanser, München/Wien, 2000.
Seneca, *Vom glückseligen Leben und andere Schriften*, Reclam, Stuttgart, 1984.
Sheikhalaslamzadeh, A., *Ort der interkulturellen Philosophie: Die Berührungsstellen der interkulturellen Philosophie und des Sufismus,* Vorlesung Universität Wien 2003/04.
Shiva, Vandana, „Globalisierung und Armut", in: von Werlhof, Claudia, u.a. (Hrsg.), *Subsistenz und Widerstand,* Promedia, Wien, 2003.
Shiva, Vandana, *Geraubte Ernte. Biodiversität und Ernährungspolitik*, Rotpunkt, Zürich, 2004.
Sieferle, Rolf Peter, Breuninger, Helga (Hrsg.), *Natur-Bilder. Wahrnehmungen von Natur und Umwelt in der Geschichte*, Campus, Frankfurt am Main, 1999.
Sloterdijk, Paul, *Regeln für den Menschenpark,* Suhrkamp, Frankfurt am Main, 1999.
Stoll, Gabi, „Trägt Bio- und Gentechnologie zur Ernährungssicherung bei?", in: Bischöfliches Hilfswerk Misereor (Hrsg.), *Ernährung – Ein Recht für alle*, Horlemann, Unkel/Rhein, 1997.
Strohmaier, Gotthard (Hrsg.), *Al – Bírúní. In den Gärten der Wissenschaft.,* Reclam, Leipzig, 2002.
Tetzlaff, Rainer, „Globalisierung – „Dritte Welt"-Kulturen zwischen Zukunftsängsten und Aufholhoffnungen", in: Tetzlaff, Rainer (Hrsg.), *Weltkulturen unter Globalisierungsdruck. Erfahrungen und Antworten aus den Kontinenten,* Dietz, Bonn, 2000.
Tetzlaff, Rainer (Hrsg.), *Weltkulturen unter Globalisierungsdruck. Erfahrungen und Antworten aus den Kontinenten,* Dietz, Bonn, 2000.
Ulrich, Roger S., View through a window may influence recovery from surgery., *Science*, 224, 1984, 420-421.
von Werlhof, Claudia, *Leben ist unwirtschaftlich. Subsistenz – Abschied vom ökonomischen Kalkül,* in: Der Rabe, Berliner Umweltzeitung, 1994.

von Werlhof, Claudia, Bennholdt-Thomsen, Veronika, Faraclas, Nicholas (Hrsg.), *Subsistenz und Widerstand. Alternativen zur Globalisierung*, Promedia, Wien, 2003.
Wimmer, Franz Martin, „Thesen, Bedingungen und Aufgaben interkulturell orientierter Philosophie", *Polylog*, 1, 1998.
Wimmer, Franz Martin, *Interkulturelle Philosophie*, Facultas, 2004
Wolf, Ursula, *Die Suche nach dem Guten Leben. Platons Frühdialoge*, Rowohlt, Reinbek, 1996.
Wöhlcke, Manfred, *Umweltmigration*, http://www.berlin-institut.org/pdfs/Woehlcke_Umweltmigration.pdf, (April, 2002), 15.12.05.
Wöhlcke, Manfred, „Bevölkerungswachstum und Globalisierung: Eine unterschätzte Konfliktdimension, in: Tetzlaff, Rainer (Hrsg.), *Weltkulturen unter Globalisierungsdruck. Erfahrungen und Antworten aus den Kontinenten*, dietz, Bonn, 2000.
ZAK-Jahresbericht, München-Perlach, 2004.
Ziegler, Jean, „Das tägliche Massaker des Hungers", in: *Agrobusiness – Hunger und Recht auf Nahrung*, Widerspruch 47, Zürich, 2004.
Zückert, Hartmut, *Allmende und Allmendaufhebung*, Lucius & Lucius, Stuttgart, 2003.

Arne Moritz / Harald Schwillus (Hrsg.)

Gartendiskurse
Mensch und Garten in Philosophie und Theologie

Frankfurt am Main, Berlin, Bern, Bruxelles, New York, Oxford, Wien, 2007.
131 S., 8 Abb.
Treffpunkt Philosophie. Herausgegeben von Matthias Kaufmann. Bd. 7
ISBN 978-3-631-55969-7 · br. € 19.80*

Die menschliche Begeisterung für Gärten reicht historisch weit zurück und ist bis in die Gegenwart ungebrochen. Dieser Band versammelt Beiträge zu einem bisher jedoch wenig beachteten Themenfeld. Der Begriff des Gartens war immer auch ein zentraler Bestandteil philosophischer und theologischer Diskurse und Kristallisationspunkt von Selbstverständigungen des Menschen über die Bedingungen glückenden Lebens und über zentrale Inhalte religiösen Glaubens. Die Beiträge des Bandes untersuchen derartige Gartendiskurse mit verschiedenen historischen Schwerpunkten, die von biblischer Zeit bis in die Gegenwart reichen. Ergänzt wird dies durch zwei exemplarische Untersuchungen über die mediale Transformation, in der philosophische und theologische Gartendiskurse in Literatur und Musik eingegangen sind.

Aus dem Inhalt: E.-J. *Waschke:* Die Funktion des Gartens im Alten Testament · D. E. *Cooper:* Tugenden des Gartens · H. J. *Roth:* Klostergärten vom Mittelalter bis heute · C. *Lauterbach:* Der Garten im humanistischen Tugenddiskurs · H. *Schwillus:* Hirtenidylle und hortus conclusus: Gartenkonzepte christlicher Spiritualität und Theologie · A. *Moritz:* Können Gärten moralisch sein? Antworten im Anschluss an Überlegungen des 18. Jahrhunderts · N. *Kasper:* Beziehung von Garten und Ruine bei C.C.L. Hirschfeld und Wolfgang Hilbig · M. *Sandel:* Mozarts Gärten: kultivierte und wilde Natur in Mozarts Opern

Frankfurt am Main · Berlin · Bern · Bruxelles · New York · Oxford · Wien
Auslieferung: Verlag Peter Lang AG
Moosstr. 1, CH-2542 Pieterlen
Telefax 0041 (0)32/376 17 27

*inklusive der in Deutschland gültigen Mehrwertsteuer
Preisänderungen vorbehalten
Homepage http://www.peterlang.de